Ernst Probst

Die Lanze von Lehringen

Der Jahrhundertfund
aus der Altsteinzeit

Impressum:
Die Lanze von Lehringen
1. Auflage als Printbuch: Mai 2021
Autor: Ernst Probst
Im See 11, 55246 Mainz-Kostheim
Telefon: 06134/21152
E-Mail: ernst.probst (at) gmx.de
Herstellung: Amazon Distribution GmbH, Leipzig
Alle Rechte vorbehalten
ISBN: 979-8-503-02513-2

Dank

Für wertvolle Hilfe danke ich:

*Waltraut Deibel-Rosenbrock, Ghent NY, USA,
Tochter des Ausgräbers Alexander Rosenbrock (1880–1955)
und Teilnehmerin der Ausgrabung von 1948 bei Lehringen,*

*Dr. Christiane (Nina) Deibel, Ghent NY, USA,
Enkelin des Ausgräbers Alexander Rosenbrock,*

*Stephan Deibel, Cambridge NY, USA,
Enkel des Ausgräbers Alexander Rosenbrock,*

*Dipl.-Ing. Adolf Biere, Rotenburg/Wümme,
Sohn des Ausgräbers Rudolf Biere (1920–2009),*

*Dr. Rainer Biere, Friedeburg,
Sohn des Ausgräbers Rudolf Biere,*

Dr. Jutta Precht, Kreisarchäologie, Verden/Aller,

*Dr. Kristina Nowak-Klimscha, Museumsleiterin,
Museum Nienburg/Weser,*

*Bärbel Ebeling, 1. Vorsitzende der Verdener Familienforscher e. V.,
Verden/Aller,*

*Olaf Schmidt, Verdener Familienforscher e. V.,
Verden/Aller,*

*Dr. Björn Emigholz, Leiter Stadtarchiv /
Historisches Museum Domherrenhaus, Verden/Aller,*

*Jan Bock M. A., Fachbüro für archäologische Dienstleistungen
ArchON Bock + Höppner GbR, Buchholz,*

Dr. Florian Dirks, Kreisarchiv, Verden/Aller,

Uwe Panten, Ortsvorsteher von Neddenaverbergen,

*Dr. Klaus Tietje, Tierarzt a. D., Altbürgermeister
und Heimatforscher, Kirchlinteln,*

*Tobias Emskötter, Maler und Zeichner, Hamburg
http://emskoetter.de,*

Silke Ebers, Samtgemeinde Lühe, Archiv, Steinkirchen,

*Karin Viol, Hansestadt Stade,
Abteilung Archiv- und Stadtgeschichte,*

Harald Röttjer, Autor der Kreiszeitung, Kirchlinteln

Inhalt

Dank / Seite 3
Vorwort / Seite 7
Die Lanze von Lehringen / Seite 9
Das Spätacheuléen / Seite 9
Der Jahrhundertfund bei Lehringen / Seite 31
Daten im Leben von Alexander Rosenbrock / Seite 37
Die Speere von Schöningen / Seite 101
Die Lanzenspitze von Clacton-on-Sea / Seite 103
Die Lanzenspitzen von Torralba und Ambrona / Seite 105
Zwei Holzlanzen von Bilzingsleben / Seite 108
Stücke einer Holzlanze von Bad Cannstatt / Seite 108
Literatur / Seite 115
Der Autor / Seite 127
Bücher von Ernst Probst / Seite 129

*Jagd auf einen Waldelefanten vor etwa 125.000 Jahren
in der Gegend von Lehringen.
Zeichnung von Fritz Wendler (1941–1995)
für das Buch
„Deutschland in der Steinzeit" (1991)
von Ernst Probst*

Vorwort

Um das Leben und die Umwelt der Urmenschen im Spätacheuléen vor etwa 150.000 bis 100.000 Jahren in manchen Gebieten Deutschlands geht es in dem Taschenbuch „Die Lanze von Lehringen". Der Begriff Spätacheuléen wurde 1964 von dem Prähistoriker Klaus Günther (1932–2006) für Funde von verschiedenen nordrhein-westfälischen und niedersächsischen Fundorten geprägt. Diese Kulturstufe der Altsteinzeit fiel teilweise in die ausgehende Saale-Eiszeit, komplett in die Eem-Warmzeit vor etwa 125.000 bis 115.000 Jahren und schließlich in die Anfangszeit der vor rund 115.000 Jahren beginnenden Weichsel-Eiszeit. Von den Neandertalern aus dem Spätacheuléen kennt man bisher nur bescheidene und noch dazu unsicher datierte Reste. Im Mittelrheingebiet lagerten sie in Kratern erloschener Vulkane, im Flachland errichteten sie Hütten oder Zelte, gelegentlich hielten sie sich auch in Höhlen auf. Eine 125.000 Jahre alte Lanze im Skelett eines Waldelefanten in Niedersachsen beweist, dass die Jäger des Spätacheuléen selbst diese riesigen Rüsseltiere nicht fürchteten. Um die Bergung des Jahrhundertfundes von 1948 bei Lehringen haben sich Rektor i. R. Alexander Rosenbrock aus Verden/Aller sowie seine Kinder Waltraut und Wolfgang verdient gemacht.

Prähistoriker Klaus Günther (1932–2006).
Foto: Dr. Klaus Günther

Die Lanze von Lehringen

Das Spätacheuléen
Als letzter Faustkeil-Formenkreis des nach dem französischen Fundort Saint-Acheul bei Amiens an der Somme benannten Acheuléen gilt in Deutschland das Spätacheuléen vor etwa 150.000 bis 100.000 Jahren. Seine zweite Hälfte verläuft parallel zu den vor etwa 125.000 Jahren beginnenden Kulturstufen Micoquien und Moustérien. Der Begriff Micoquien basiert auf den Funden aus der eingestürzten Halbhöhle von La Micoque bei Les Eyzies-de-Tayac im französischen Département Dordogne. Der Name Moustérien fußt auf den Hinterlassenschaften aus der Höhle von Le Moustier bei Les Eyzies-de-Tayac in der Dordogne.
Das Spätacheuléen konnte sich im norddeutschen Flachland, wo das Micoquien nicht vertreten war, vielleicht sogar noch wesentlich länger behaupten. Der Begriff Spätacheuléen wurde 1964 von dem Prähistoriker Klaus Günther (1932–2006) für Funde von verschiedenen nordrhein-westfälischen und niedersächsischen Fundorten geprägt.
Der in Mönchröden bei Coburg in Oberfranken geborene Klaus Günther promovierte 1961 in Münster mit einer Arbeit über die altsteinzeitlichen Funde der Balver Höhle bei Balve (Märkischer Kreis) in Nordrhein-Westfalen. Ab 1962 war er wissenschaftlicher Referent am damaligen Landesmuseum für Vor- und Frühgeschichte (heute LWL-Museum für Archäologie) in Münster. LWL ist die Abkürzung für Landschaftsverband Westfalen-Lippe. Von 1972 bis 1995 leitete Günther die LWL-Außenstelle Bielefeld für Archäologie, die für die archäologische Denkmalpflege im Regierungsbezirk Detmold zuständig ist. Im Buch „Deutschland in der Steinzeit" (1991)

*Holländischer Mediziner und Botaniker
Pieter Harting (1812–1885).
Porträt eines unbekannten Künstlers.
Bild (via Wikimedia Commons),
Lizenz: gemeinfrei (Public domain)*

wurde er als einer der Pioniere der Steinzeitforschung gewürdigt.
Nach Ansicht anderer Autoren ist das Spätacheuléen ein Teil des Jungacheuléen. In Frankreich wird der Begriff Spätacheuléen für Komplexe am Ende der vorletzten Eiszeit und der letzten Warmzeit benutzt.
Das Spätacheuléen fiel teilweise in die ausgehende Saale-Eiszeit, in die Eem-Warmzeit vor ca. 125.000 bis 115.000 Jahren und in die Anfangszeit der vor etwa 115.000 Jahren beginnenden Weichsel-Eiszeit. Andere Autoren lassen das Eem früher als vor 125.000 Jahren beginnen. Marine Ablagerungen aus dem Eem wurden 1874 erstmals von dem holländischen Mediziner und Botaniker Pieter Harting (1812–1885) aus Utrecht beschrieben. Den Begriff Weichsel-Eiszeit hat 1909 der Berliner Geologe Konrad Keilhack (1858–1944) eingeführt.
Gegen Ende der norddeutschen Saale-Eiszeit zogen sich allmählich die skandinavischen Gletscher wieder in ihr Ausgangsgebiet zurück. In den Tundren und Steppen jener Zeitspanne weideten Wollhaar-Mammute, Fellnashörner, Wildpferde und Rentiere. Männliche Wollhaar-Mammute erreichten eine Schulterhöhe bis zu 3,75 Meter, weibliche bis zu 2,90 Meter.
In der frühen Eem-Warmzeit überflutete das durch Schmelzwasser der Gletscher stark angestiegene Meer das Nordsee- und Ostseebecken bis nach Ostpreußen. Danach wurde Skandinavien vom übrigen Europa getrennt. In Norddeutschland gediehen in der Eem-Warmzeit zunächst Birken- und Kiefernwälder. Mit zunehmender Erwärmung folgten Eichenmischwälder, in denen neben Eichen auch Ulmen stark vertreten waren. In Abschnitten mit besonders günstigem Klima wuchsen sogar Stein- und Traubeneiche, Sommer- und Winterlinde, Lebensbaum, südosteuropäische Schwarzkiefer, Buchs, Stechpalme, Waldrebe und thüringischer Flieder (*Syringa thuringiaca*).

Berliner Geologe Konrad Keilhack (1858–1944).
Aufnahme eines unbekannten Fotografen

Mit der Klimaverbesserung der Eem-Warmzeit war die erneute Einwanderung wärmeorientierter Tiere verbunden. Dagegen zogen sich die an die Kälte angepassten Wollhaar-Mammute, Fellnashörner und Rentiere zurück.

In der Eem-Warmzeit eroberten Flusspferde wieder den Rhein und waren bis nach England verbreitet. Davon zeugen vor allem Funde von Eck- und Backenzähnen sowie seltener von Skelettknochen. Von der Rhone aus konnten sich Flusspferde über die Loire, die Seine und den Rhein weiter nach Norden ausbreiten. Der Bonner Paläontologe Wighart von Koenigswald erwähnte 1991 in „Eiszeitalter und Gegenwart", in den letzten Jahren seien in der Oberrheinebene mehr als 30 Flusspferd-Belege aus zehn Kiesgruben geborgen worden, wobei die Fossilien in Privatsammlungen nur unvollständig erfasst werden konnten. In einer Tabelle der wichtigsten Kiesgruben mit Großsäugerfunden aus der Eem-Warmzeit in der nördlichen Oberrheinebene zählte er die Flusspferd-Fundorte Brühl 1 bei Mannheim, Eich, Erfelden, Groß-Rohrheim, Hessenaue, Huttenheim, Leeheim, Mainz, Stockstadt und Wattenheim auf. Eich, Huttenheim, Leeheim und Stockstadt sind Fundorte von Flusspferd und Wasserbüffel *(Bubalus murrensis)*, Huttenheim. Leeheim und Stockstadt auch vom Europäischen Waldelefanten. Aus Groß-Rohrheim liegen ein linkes Oberkieferfragment, ein Schulterblatt, mehrere in Privatsammlungen aufbewahrte Zähne und zwei Eckzähne vor. Das Schulterblatt und zwei Eckzähne aus Groß-Rohrheim sowie zwei Eckzähne und Knochen aus Wattenheim werden im Hessischen Landesmuseum Darmstadt aufbewahrt. Von Koenigswald war von 1977 bis 1987 Kustos am Hessischen Landesmuseum Darmstadt, wo ihn der Wiesbadener Wissenschaftsautor Ernst Probst mehr als einmal besucht hat.

Nach Auskunft des geowissenschaftlichen Präparators Thomas

In der Eem-Warmzeit vor etwa 125.000 bis 115.000 Jahren schwammen Flusspferde im Rhein wie heute im Luangwa-Tal in Sambia.
Foto: Paul Maritz / CC BY-SA 3.0 (via Wikimedia Commons), lizensiert unter Creative-Commons-Lizenz by-sa-3.0, https://creativecommons.org/licenses/by-sa/3.0/legalcode

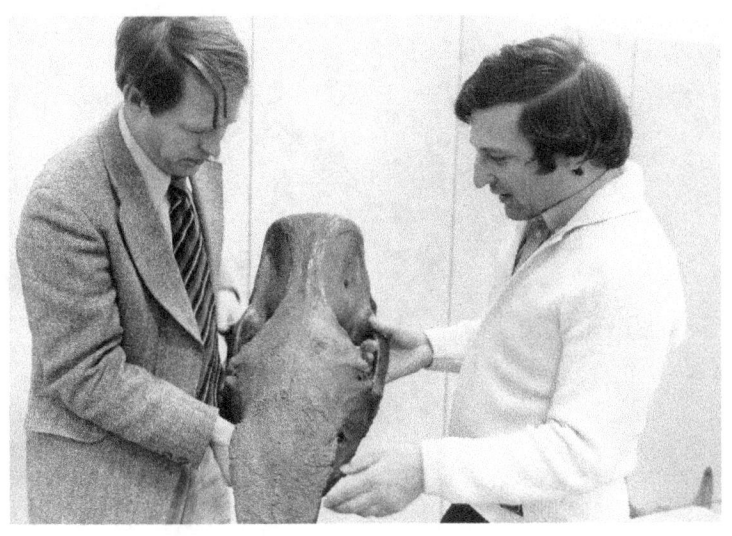

*Paläontologe Wighart von Koenigswald (links)
und Wissenschaftsautor Ernst Probst (rechts)
in den 1980er Jahren
mit einem Nashornschädel
im Hessischen Landesmuseum Darmstadt.
Foto: Privatarchiv Ernst Probst*

*Lebensbild eines Höhlenlöwen aus dem Eiszeitalter,
geschaffen von dem
Berliner Tiermaler Heinrich Harder (1858–1935)*

*Italienischer Geologe
Alessandro Portis (1855–1931).
Aufnahme
eines unbekannten Fotografen*

Engel werden im Naturhistorischen Museum Mainz ca. 50 Flusspferd-Fragmente aus der Altrheinschleife zwischen Gimbsheim und Eich in Rheinland-Pfalz aufbewahrt. Deren genaue zeitliche Einordnung sei aber aufgrund der Kies- und Sandförderung von Schwimmbaggern nicht sicher zu ermitteln. Soll heißen: Man weiß nicht, ob diese Fossilien alle oder teilweise aus der Eem-Warmzeit stammen.

In den Eichenmischwäldern Deutschlands lebten Löwen, Leoparden, Europäische Waldelefanten, Waldnashörner, Wildschweine, Riesen-, Dam- und Rothirsche sowie Rehe und Wildkatzen. Männliche Europäische Waldelefanten hatten eine Schulterhöhe bis zu 4,20 Meter, weibliche bis zu 3 Meter.

In der norddeutschen Weichsel-Eiszeit wechselten sich immer wieder jeweils einige tausend Jahre lang Kaltphasen (Stadiale) und Warmphasen (Interstadiale) miteinander ab. In den frühen Kaltphasen dieser Eiszeit kam es noch zu keinen gravierenden Gletschervorstößen in Deutschland. Typische Tiere der Kaltphasen der Weichsel-Eiszeit waren Wollhaar-Mammute, Fellnashörner, Rentiere und Moschusochsen. In den Warmphasen lebten statt dessen unter anderem Höhlenlöwen, Höhlenhyänen, Wildpferde und Hirsche.

Von den Neandertalern aus dem Spätacheuléen kennt man nur bescheidene und noch dazu unsicher datierte Reste. Dazu gehören zwei Backenzähne aus Taubach bei Weimar in Thüringen, die bereits 1887 und 1892 entdeckt worden sind. Der Fund von 1887 soll von einem etwa Vierzehnjährigen stammen, derjenige von 1892 von einem Neunjährigen. Diese Funde sollen schätzungsweise 100.000 Jahre alt sein. Der Fundplatz in Taubach wurde von dem Jenaer Kunsthistoriker Friedrich Klopfleisch (1831–1898) entdeckt. Die in Taubach gefundenen Reste von eiszeitlichen Großsäugern wurden 1878 von dem italienischen Geologen Alessandro Portis (1855–1931) publiziert.

Lebensbild eines Fellnashorns aus der Weichsel-Eiszeit geschaffen von dem Berliner Tiermaler Heinrich Harder (1858–1935).

Lebensbild eines Wollhaar-Mammuts aus der Weichsel-Eiszeit, 1912 geschaffen von dem österreichischen Paläontologen Othenio Abel (1875–1946)

*Lebensbild eines Moschusochsen aus der Weichsel-Eiszeit
geschaffen von dem
Berliner Tiermaler Heinrich Harder (1858–1935)*

*Rekonstruktion eines Neandertalers
im Neanderthal Museum, Mettmann.
Bis zur Rechtschreibreform von 1901
schrieb man „Neanderthal" mit „h".
Foto: Neanderthal Museum, Mettmann / CC BY-SA 4.0
(via Wikimedia Commons),
lizensiert unter Creative-Commons-Lizenz by-sa-4.0,
https://creativecommons.org/licenses/by-sa/4.0/legalcode*

*Rekonstruktion einer Neandertalerin
im Neanderthal Museum, Mettmann.
Foto: Fährtenleser / CC BY-SA 4.0
(via Wikimedia Commons),
lizensiert unter Creative-Commons-Lizenz by-sa-4.0,
https://creativecommons.org/licenses/by-sa/4.0/legalcode*

*Jenaer Kunsthistoriker Friedrich Klopfleisch (1831–1898).
Fotoarchiv des Bereichs für Ur- und Frühgeschichte der FSU Jena
(via Wikimedia Commons),
Lizenz: gemeinfrei (Public domain)*

Mit frühen oder späten Neandertalern werden auch verschiedene menschliche Skelettreste aus dem Emschertal bei Bottrop in Verbindung gebracht, die zwischen 250.000 und 50.000 Jahre alt sein sollen. Der erste dieser Funde war ein Oberschenkelknochen, den 1964 der Bottroper Museumsdirektor Arno Heinrich (1929–2009) bei Ausschachtungsarbeiten für eine Pumpstation an der Auffahrt zum Emscher-Schnellweg barg. 1970 kam bei Baggerarbeiten im Rhein-Herne-Kanal westlich neben der Brücke an der Essener Straße ein Ellenknochen zum Vorschein. Außerdem stieß man 1970 im Fundgut aus dem Rhein-Herne-Kanal auf zwei Schädeldachfragmente. Bei all diesen Fossilien ist die genaue Fundschicht nicht bekannt, was die Altersbestimmung erschwert.

Im Sommer 1911 zeigte ein Sammler dem Essener Geologen und Direktor des Ruhrland-Museums, Ernst Kahrs (1876–1948), ein Feuersteinwerkzeug, das von Arbeitern bei Ausschachtungen in der Baugrube von Schleuse 6 des Rhein-Herne-Kanals in etwa 12 Meter Tiefe im Flussschotter zum Vorschein gekommen war. Daraufhin untersuchte Kahrs die Fundstelle und entdeckte zerschlagene Tierknochen sowie weitere Steinwerkzeuge.

Auch im Spätacheuléen vor etwa 150.000 Jahren lagerten Gruppen von Neandertalern im Mittelrheingebiet in den Kratern erloschener Vulkane, welche die Umgebung bis zu 150 Metern überragten. Das dokumentieren Jagdbeutereste und Steinwerkzeuge auf den Vulkanen Plaidter Hummerich, Schweinskopf, Tönchesberg und Wannen.

Auf den Fundplatz auf dem Vulkan Plaidter Hummerich wurde man im März 1983 aufmerksam, als der damals in Saarbrücken wirkende Geograph Horst Strunk Tierknochen und Steinartefakte entdeckte. Die Fundplätze auf den Vulkanen Schweinskopf (1983), Tönchesberg (1983) und Wannen (1985) wurden durch den Sammler Karl-Heinz Urmersbach und dessen Sohn Andreas aus Weißenthurm aufgespürt.

Offenbar schätzten die damaligen Bewohner der Vulkankrater die Vorteile dieser ungewöhnlichen Siedlungsstandorte. Das dunkle Lavagestein der Vulkane speicherte tagsüber die Strahlungswärme der Sonne und gab diese nachts, wenn es kühler wurde, noch stundenlang ab. In den Kratermulden war man vom Wind geschützt und konnte so auch leichter als im Flachland das Feuer hüten. Oft sicherte zudem das an der tiefsten Stelle der Krater angesammelte Regenwasser die Trinkwasserversorgung. Von der luftigen Höhe der Vulkane aus konnte man große Wildtiere gut erspähen. Auch vor ungebetenen vier- oder zweibeinigen Gästen war man hier sicherer als in der Ebene.

Im Flachland haben die damaligen Menschen mehrere Meter Durchmesser erreichende Zelte oder Hütten errichtet. Grundrisse von solchen Behausungen vermutet man in Ariendorf (Kreis Neuwied) im Mittelrheintal (Rheinland-Pfalz) sowie in Mönchengladbach-Rheindahlen (Nordrhein-Westfalen).

Der mutmaßliche Zeltgrundriss in Ariendorf wurde 1981/82 bei Grabungen des damaligen Kölner Prähistorikers Gerhard Bosinski entdeckt. Als Durchmesser des Zeltes werden 2,70 Meter angegeben. Es soll an einem Bach gestanden haben. In der Mitte des runden Grundrisses befanden sich zahlreiche Tierknochen, die als Jagdbeutereste und Arbeitsunterlagen gedeutet werden. Manche Prähistoriker zweifeln jedoch daran, dass es sich hierbei um Siedlungsspuren handelt. Sie sehen in den Funden vom Bach zusammengeschwemmte Tierreste.

In Mönchengladbach-Rheindahlen glaubte man sogar, zwei Grundrisse von zu verschiedenen Zeiten errichteten Behausungen erkannt zu haben. Eine davon soll 5,20 mal 3,80 Meter und die andere 6 Meter groß gewesen sein. Im Gegensatz zu

den Ausgräbern meinen andere Experten, bei diesen Gruben könnte es sich auch um Wurzellöcher von umgestürzten Bäumen handeln.
Konzentrationen von Steinwerkzeugen aus der Stufe des Spätacheuléen zeugen jedoch an manchen Orten im Freiland davon, dass die damaligen Menschen unter freiem Himmel siedelten. Gelegentlich hielten sich diese Jäger und Sammler aber auch in Höhlen auf. Eine dieser selten aufgesuchten Höhlen ist die Balver Höhle in der Nachbarschaft der nordrhein-westfälischen Stadt Balve (Märkischer Kreis). Sie liegt am Oberlauf der Hönne, einem linken Nebenfluss der Ruhr. Die Balver Höhle besitzt einen riesigen 12 Meter breiten und 11 Meter hohen Eingang. Ihr durchschnittlich etwa 15 Meter breiter Hauptarm führt 54 Meter weit in den Berg und teilt sich dort in zwei geräumige Seitenarme, die nach berühmten Ausgräbern benannt sind. Der linke davon heißt Virchow-Arm und endet in einigen Ausbuchtungen, der rechte ist der Dechen-Arm, von dem nach 20 Metern nochmals zwei kurze Ausläufer abzweigen. Die Balver Höhle ist von Angehörigen verschiedener altsteinzeitlicher Kulturstufen bewohnt worden.
Bereits seit dem Ende der 1830er Jahre wurden mit eiszeitlichen Tierresten durchsetzte Ablagerungen aus der Balver Höhle als phosphatreiche Düngemittel abgebaut und auf die umliegenden Felder gebracht. 1843 nahm J. Fr. Oest unter Aufsicht des Berggeschworenen Wagner die ersten Schürfe in der Höhle vor. 1844 gruben die Berggeschworenen Wilhelm Castendyck (1824–1894) und Hermann Wagner (1817–1888) vom damaligen Bergamt Siegen auf Veranlassung des Oberbergamtes Bonn in der Balver Höhle. Sie entdeckten Steinwerkzeuge, erkannten jedoch deren Bedeutung nicht. Es folgten Untersuchungen durch den Berggeschworenen Liste (1852), den Berggeschworenen Theodor Hundt (1818–1886) aus Siegen

*Balver Höhle (Märkischer Kreis) in Nordrhein-Westfalen vor 1900.
Aufnahme eines unbekannten Fotografen
(via Wikimedia Commons),
Lizenz: gemeinfrei (Public domain)*

*Berliner Anatom
Rudolf Virchow (1821–1902),
Lithographie von Georg Engelbach (1817–1894).
Bild (via Wikimedia Commons),
Lizenz: gemeinfrei (Public domain)*

*Bonner Geologe und Bergmann
Ernst Heinrich Karl von Dechen (1800–1889).
Porträt eines unbekannten Fotografen.
Bild (via Wikimedia Commons),
Lizenz: gemeinfrei (Public domain)*

*Bonner Anatom
Hermann Schaaffhausen (1816–1893).
Porträt eines unbekannten Künstlers.
Bild (via Wikimedia Commons),
Lizenz: gemeinfrei (Public domain)*

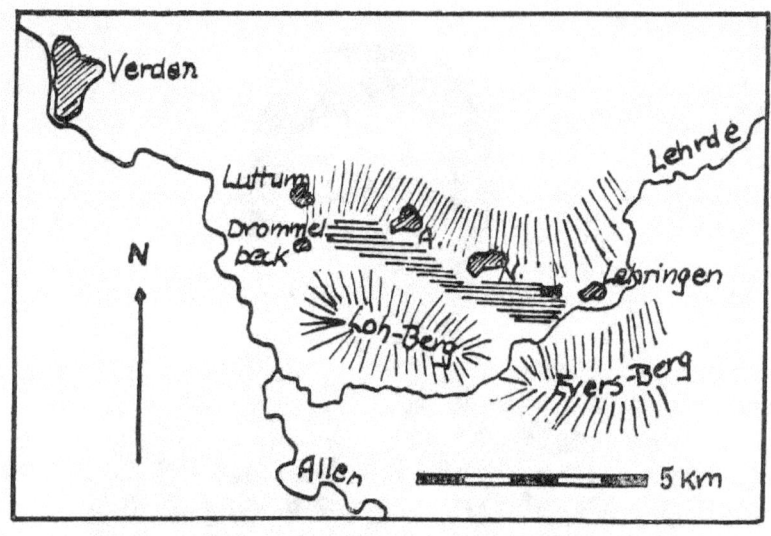

*Übersichtsplan zu den Mergellagern
zwischen Luttum und Lehringen.
Zeichnung aus Waltraut Deibel-Rosenbrock:
Die Funde von Lehringen,
Schriftenreihe des Verdener Heimatbundes e. V.,
Sonderdruck aus dem Stader Jahrbuch 1960*

und den Paläontologen Wilhelm von der Marck (1815–1900) aus Hamm i. W. (um 1866). Bei diesen frühen Erforschern der Balver Höhle sind teilweise der Vorname, der Wohnort sowie das Geburts- und Todesjahr nicht zu eruieren. Danach forschten in der Balver Höhle: 1869 der Bergassessor Fritz Freiherr von Dücker (1827–1892), 1870 der Berliner Anatom Rudolf Virchow (1821–1902), 1871 der Bonner Geologe und Bergmann Ernst Heinrich Karl von Dechen (1800–1889), 1872 der Bonner Anatom Hermann Schaaffhausen (1816–1893), 1925/26 der Prähistoriker Julius Andree (1889–1942) aus Münster und 1939 der Rektor Bernhard Bahnschulte (1894–1974) aus Rüthen/Möhne.

Der Jahrhundertfund bei Lehringen
Wie ein aufsehenerregender Fund aus einer Mergelgrube bei Lehringen (Kreis Verden) in Niedersachsen zeigt, haben die Jäger des Spätacheuléen selbst einen mehr als vier Meter hohen Europäischen Waldelefanten *(Palaeoloxodon antiquus)* nicht gefürchtet. Dort hatte man Anfang März 1948 in einer Kalkmergelgrube in etwa zwei Meter Tiefe auffällig große Tierknochen sowie bald danach auch Steingeräte und eine Lanze entdeckt. In der Literatur und in den Medien ist abwechselnd von einer Lanze oder einem Speer die Rede.
Die Fundstelle bei Lehringen befand sich in der Uferzone eines ehemaligen schätzungsweise 250 Meter langen und 80 Meter breiten Sees. Das Gewässer war zu Lebzeiten des Elefanten von Laubwäldern umgeben. Der Elefant, die Lanze und die Artefakte stammen aus der blau-grauen Mergelschicht IV, die im Pollendiagramm des Botanikers Friedrich Jonas (1899–1964) aus Papenburg (Ems) Linden-Schicht heißt. Diese Schicht wird der Pollenzone III c der 1962 von dem Braunschweiger Studienrat Willi Selle (1899–1962) beschriebenen Linden-Ulmen-

Dorfstraße in Neddenaverbergen,
Gemälde des Dorfschullehrers
Johann Jacob (Jonny) Holste (1892–1961) um 1925.
Holste starb 1961 unweit seines Geburtsortes Steinkirchen
im Alter von 68 Jahren in Grünendeich (Kreis Stade).
Neddenaverbergen war mit den außerhalb des Kerndorfes
gelegenen Ortsteilen Hinter den Brücken,
Lehringen und Salingsloh bis zur Gebietsreform
ein selbständiges Dorf.
Seit 1972 gehört es zur Einheitsgemeinde Kirchlinteln.

Zeit gleichgesetzt. Lehringen ist ein Ortsteil des Dorfes Neddenaverbergen, das seit 1972 zur Einheitsgemeinde Kirchlinteln gehört.
Der bis 1950 bei Lehringen abgebaute Kalkmergel wurde als Düngemittel verwendet. Für die Mergelgruben zwischen Luttum und Lehringen interessierten sich Geologen und Archäologen seit Beginn des 20. Jahrhunderts. Bereits 1910 hatte der Berliner Geologe Jakob Stoller (1873–1930) über ein angebranntes Holzstück und zwei vermutlich von Menschenhand zerspaltene Schienbeinhälften zweier Hirsche im Süßwasserkalk von Lehringen berichtet. Später überwachte Johann Jacob (Jonny) Holste (1892–1961), von 1919 bis 1933 Lehrer in Neddenaverbergen, 21 offene Mergelgruben auf archäologische Funde. Holste meldete am 12. Mai 1929 den Fund dreier Holzstücke mit möglichen Bearbeitungsspuren an das Provinzialmuseum in Hannover. Im November 1933 wechselte er nach Stade und im September 1936 nach Harburg-Winsen.
Wie bei vielen anderen wichtigen archäologischen Funden kursieren auch im Fall der berühmten Lanze von Lehringen unterschiedliche Versionen über die Entdeckung, Bergung, Untersuchungen und Erkenntnisse. Am zuverlässigsten sind die 1960 von Waltraut Deibel-Rosenbrock sowie die 1985 von den Hannoveraner Prähistorikern Hartmut Thieme und Stephan Veil veröffentlichten Schilderungen über diesen Jahrhundertfund.
Im Hamburger Nachrichtenmagazin „Der Spiegel" von 1955 begann die Entdeckungsgeschichte damit, dass der Besitzer des Mergelwerkes bei Lehringen, Franz Werner (geboren 1889), wieder einmal in der Mergelgrube baggern ließ. Dabei fraßen sich die Zähne des Baggers in große Klumpen fest.
Waltraut Deibel-Rosenbrock, die sich ab 1948 an den Ausgrabungen ihres Vaters in der Mergelgrube beteiligte, berichtete

*Grabstein von Adolf Biere (1887–1949),
Bauinspektor und ehrenamtlicher Hauptpfleger
der Bodendenkmalpflege für den Regierungsbezirk Stade,
sowie seiner Ehefrau Sophie, geborene Meyer (1886–1970).
Der Taufname des Bauinspektors war Friedrich Wilhelm Adolf Biere.
Copyright: Grabsteinprojekt der Verdener Familienforscher e. V.,
Foto: Olaf Schmidt*

1960, der Werkmeister Andreas Werner (1897–1956) habe vorübergehend den Bagger stilllegen und mit Spitzhacke und Schaufel den Mergel an der fundreichen Stelle durchsuchen lassen. Dabei habe man einen großen Teil der Wirbelsäule, der Schulterblätter und anderer Skeletteile freigelegt. Wegen unsachgemäßer Behandlung seien die Skelettreste zwar meist zertrümmert worden, doch man habe die Bruchstücke aufgelesen und verwahrt.

Laut den erwähnten Prähistorikern Thieme und Veil wurde am Nachmittag des 17. März 1948 dem ehemaligen Mittelschul-Rektor sowie damaligen ehrenamtlichen Museumsleiter Alexander Rosenbrock (1880–1955) aus Verden an der Aller mitgeteilt, bei Baggerarbeiten in einer Mergelgrube bei Lehringen (Gemarkung Neddenaverbergen) seien „große Knochen" gefunden worden. Am nächsten Tag (18. März 1948) suchten Rosenbrock und Adolf Biere (1887–1949), Bauinspektor beim Hochbauamt Verden und bei der Regierung in Stade sowie ehrenamtlicher Hauptpfleger der Bodendenkmalpflege für den damaligen Regierungsbezirk Stade, die Fundstelle auf. Die Fahrt von Verden zur rund 15 Kilometer entfernten Mergelgrube und zurück erfolgte mit gebetteltem Benzin.

Das Grab von „Reg. Oberbau-Insp." Adolf Biere auf dem Verdener Domfriedhof ist eines der zahlreichen Gräber aus der Gegend von Verden, die im Rahmen des Grabsteinprojekts der Verdener Familienforscher e. V. vom Gründungsmitglied Olaf Schmidt aufgenommen worden sind. 1. Vorsitzende der Familienforscher, deren Internetseite www.verdener-familien forscher.de eine wichtige Quelle für Nachforschungen ist, ist Bärbel Ebeling.

Bevor der 67jährige Alexander Rosenbrock in der Mergelgrube bei Lehringen aktiv wurde, war vieles unbeachtet durch den Bagger zerstört, zusammen mit dem Mergel abgefahren und

*Alexander Rosenbrock (1880–1955),
von 1922 bis 1947 Leiter der Mittelschule in Verden an der Aller,
ehrenamtlicher Museumsleiter
und Ausgräber in der Mergelgrube bei Lehringen,
mit Skelettrest des Waldelefanten.
Aufnahme eines unbekannten Fotografen*

Rosenbrockstraße

*In Verden an der Aller erinnert die in den 1960er Jahren
geplante Rosenbrockstraße, an der 1973 erste Häuser entstanden,
an den in Sittensen geborenen Alexander Rosenbrock.
Bild: https://onlinestreet.de/strassen/schild/
Rosenbrockstra%C3%9Fe.html#lizenz / CC BY 4.0,
https://creativecommons.org/licenses/by/4.0/legalcode*

Daten im Leben von Alexander Rosenbrock

16. Juli 1880: Geburt auf einer Ferienreise seiner Mutter Catharina Maria Jacobsen (1851–1929) im Hause seines Großvaters in Sittensen bei Scheeßel. Sein Vater ist der Kaufmann Heinrich Ludwig Rosenbrock (1849–1927) in Stade. – Später Besuch der Mittelschule und Präparandenanstalt in Stade
1901: 1. Lehrerprüfung im Lehrerseminar in Bederkesa
1901–1906: Volksschullehrer in Warstade-Hemmoor
1903: 2. Lehrerprüfung im Lehrerseminar in Bederkesa
1906: Realschullehrerprüfung für Mathematik und Naturbeschreibung in Hannover
1906–1908: Lehrer an der Deutschen Schule in Port Elizabeth, Kapkolonie, Südafrika
1908–1909: Lehrer an der Mittelschule in Osterwieck/Harz
1909: Rektorenprüfung in Magdeburg
1909–1921: Konrektor an der Höheren Mädchenschule in Demmin, Aufbau des Heimatmuseums und der Bibliothek
28. Januar 1911: 1. Heirat mit Ida Eugenie Alwine Drège (1882–1943 in Port Elizabeth) in Stade, 1922 Scheidung
1913: Mittelschullehrerprüfung für Englisch in Stettin
1916–1918: Teilnehmer am Ersten Weltkrieg, zuerst als Infanterist, dann als Leiter verschiedener Wetterwarten
Januar 1922–Juli 1947: Leiter der Mittelschule in Verden
November 1925: 2. Heirat mit Paula Lewerenz (1902–1991)
1930–1955: Kreisbeauftragter für Naturschutz
Von Kriegsende bis 1955 Leiter des Heimatmuseums (bis 1961 vereint mit dem Pferdemuseum) in Verden
Von 1947 bis 1955 Betreuer des Stadtarchivs in Verden
1948–1950: Leiter der Ausgrabung eines Europäischen

Foto auf Seite 39:

*Geburtshaus von Alexander Rosenbrock
in Sittensen bei Scheeßel,
in dem er am 16. Juli 1880
während einer Ferienreise seiner Mutter Catharina Maria Jacobsen
im Haus seines Großvaters zur Welt kam.
Foto: Privatarchiv Stephan Deibel, Cambridge NY, USA*

Waldelefanten und einer Lanze aus der Altsteinzeit vor etwa 125.000 Jahren in einer Mergelgrube bei Lehringen
1948–1955: Rechtsstreit zwischen dem Heimatbund Verden und dem Land Niedersachsen über den Verbleib der Lanze
Ab 1950: Nach den Ausgrabungen bei Lehringen baut Alexander Rosenbrock das Heimatmuseum in Verden weiter auf, betätigt sich ehrenamtlich als Kultur- und Heimatpfleger des Kreises Verden sowie als Stadtarchivar in Verden, pflegt verletzte und präpariert tote Wildtiere.
28. März 1955: Übernahme der Lanze im Landesmuseum Hannover durch Alexander Rosenbrock
28. Juni 1955: Tod von Alexander Rosenbrock in Bremen im Alter von 74 Jahren. Seine zahlreichen Verdienste werden in vielen Nachrufen gewürdigt.
1959: Auf Vorschlag des Heimatbundes beschließt der Stadtrat von Verden, eine Straße nach Alexander Rosenbrock zu benennen.
1960: Waltraut Deibel-Rosenbrock veröffentlicht nach Aufzeichnungen ihres Vaters die Publikation „Die Funde von Lehringen"
1961: Sechs Jahre nach dem Tod von Alexander Rosenbrock erscheint das von ihm und Otto Voigt verfasste Werk „Die Flurnamen des Kreises Verden".
2021: Eine Arbeitsgruppe will in Neddenaverbergen, zu dem der Ortsteil Lehringen gehört, die Entdeckung des Waldelefanten und der Lanze von 1948 mehr in den Mittelpunkt der Öffentlichkeit rücken und einen Platz nach Alexander Rosenbrock benennen.
Mai 2021: Das Taschenbuch „Die Lanze von Lehringen" würdigt die Verdienste von Alexander Rosenbrock und seiner Tochter Waltraut.

*Paula Rosenbrock, geborene Lewerenz (1902–1991),
mit einer Zwerg-Rohrdommel auf dem Schoß,
die man verletzt zu ihrem Ehemann,
Rektor i. R. Alexander Rosenbrock, gebracht hatte.
Foto: Privatarchiv Stephan Deibel, Cambridge NY, USA*

*Alexander Rosenbrock aus Verden an der Aller,
ehemaliger Mittelschulrektor, ehrenamtlicher Museumsleiter
und Ausgräber in der Mergelgrube bei Lehringen,
mit Knochen des Waldelefanten.
Foto: Privatarchiv Stephan Deibel, Cambridge NY, USA*

*Alexander Rosenbrock
in jüngeren Jahren.
Foto im Nachwort des Lehrers, Heimatforschers
und ehrenamtlichen Kreisarchivpflegers Otto Voigt (1910–2001)
in der Schrift „Die Funde von Lehringen" (1960)*

*Die damals noch unverheiratete Waltraut Rosenbrock (rechts)
und der ehrenamtliche Bodendenkmalpfleger
Rudolf Biere (1920–2009, links)
bei der Ausgrabung in der Mergelgrube bei Lehringen
im Jahre 1948.
Aufnahme eines unbekannten Fotografen.
Das Interesse von Rudolf Biere an Ausgrabungen
wurde durch seinen Vater Adolf Biere (1887–1949) geweckt,
der Bauinspektor und ehrenamtlicher Hauptpfleger
der Bodendenkmalpflege für den Regierungsbezirk Stade war.
Der ehemalige Verdener Domgymnasiast Rudolf Biere
ergriff den Lehrerberuf,
war ab 1961 Lehrer an der Mittelschule in Verden/Aller
und bestand 1965 in Oldenburg die Prüfung
für das Lehramt in Realschulen.*

auf Äckern von drei Regierungsbezirken verteilt worden. Zudem hatten Neugierige manches Fundstück entwendet. „Von dem wohl vollständig in die ungestörten Mergelschichten eingebetteten Elefanten-Kadaver waren nur noch zwei Loren voll Knochen- und Zahnreste übriggeblieben, als Rosenbrock in Lehringen eintraf. Ihm ist es zu verdanken, daß das bereits Geförderte erhalten blieb und das noch vom Sediment schützend Umhüllte unter schwierigen und oft widrigen Verhältnissen sachgemäß geborgen wurde", stellte 1951 der damals in Erlangen tätige Paläontologe Karl Dietrich Adam (1921–2012) fest.
Den Prähistorikern Thieme und Veil zufolge ließen schlechte Wetterverhältnisse am 18. März 1948 keine genaue Beobachtung der Befundsituation zu. Rosenbrock konnte sich aber von der Existenz großer Knochenmengen überzeugen. Deshalb veranlasste er den Werkmeister Werner, den Bagger vorerst an der Fundstelle nicht weiter arbeiten zu lassen. Einige bereits geborgene Knochen nahm Rosenbrock in seine Wohnung nach Verden mit. Andere ließ er in einer Lore im Werkschuppen deponieren.
Am Gründonnerstag, 25. März 1948, kam Rosenbrock mit seinen Kindern Waltraut (1928 geboren) und Wolfgang (1926–2015), dem ehrenamtlichen Bodendenkmalpfleger Rudolf Biere (1920–2009), der ein Sohn von Hauptpfleger Adolf Biere war, sowie dem Lehrer, Heimatforscher und ehrenamtlichen Kreisarchivpfleger Otto Voigt (1910–2001) aus Verden erneut zur Fundstelle. Rudolf Biere war bis 1953 Denkmalpfleger des Kreises Verden und parallel des Altkreises Rotenburg. Inzwischen stand Rosenbrock für die Anreise ein Auto zur Verfügung und das schlechte Wetter hatte sich gebessert. Der ehemalige Rektor und seine Helfer begannen damit, die noch vom Mergel umschlossenen Reste des Skeletts vorsichtig freizulegen und

*Rektor i. R. Alexander Rosenbrock (1880–1955), Mitte,
mit seiner Tochter Waltraut (1928 geboren)
und seinem Sohn Wolfgang (1926–2015) im Jahre 1947.
Foto: Privatarchiv Stephan Deibel, Cambridge NY, USA*

*Wolfgang Rosenbrock (1926–2015)
half 1948 seinem Vater Alexander Rosenbrock
bei der Ausgrabung des Waldelefanten und der Lanze bei Lehringen.
Foto: Privatarchiv Stephan Deibel, Cambridge NY, USA*

Adolf Biere (1887–1949),
Bauinspektor beim Hochbauamt Verden
und bei der Regierung in Stade
sowie ehrenamtlicher Hauptpfleger der Bodendenkmalpflege
für den damaligen Regierungsbezirk Stade.
Foto: Privatarchiv Dipl.-Ing. Adolf Biere, Rotenburg/Wümme

*Rudolf Biere (1920–2009),
Sohn des Bauinspektors und ehrenamtlichen Hauptpflegers
Adolf Biere (1887–1949)
sowie ehrenamtlicher Bodendenkmalpfleger
und späterer Mittelschul- und Realschullehrer.
Foto: Privatarchiv Dipl.-Ing. Adolf Biere, Rotenburg/Wümme*

*Karl Hermann Jacob-Friesen (1866–1960),
Direktor des Landesmuseums in Hannover.
Aufnahme eines unbekannten Fotografen von 1930 / CC BY-SA 4.0
(via Wikimedia Commons),
lizensiert unter Creative-Commons-Lizenz by-sa-4.0,
https://creativecommons.org/licenses/by-sa/4.0/legalcode*

zu bergen. Dabei schufteten sie mit dem wieder in Betrieb genommenen Bagger um die Wette. Neben vielen Knochen bargen sie das 2,40 Meter lange Bruchstück eines Stoßzahnes. Dieser hatte am dickeren Ende einen Durchmesser von 18 Zentimetern und am dünneren Ende von 12 Zentimetern. Weil das Stoßzahnfragment eine geringe Krümmung hatte, handelte es sich vermutlich um das Skelett eines Waldelefanten, was später durch Experten bestätigt wurde.
Der Schädel des Elefanten lag im Osten, sein Rücken im Süden. Herabsickerndes eisenhaltiges Wasser hatte den in einem Spalt im Mergel liegenden Schädel braunrot gefärbt. Offenbar wurde der Schädel zuerst vom Bagger erfasst und stark zertrümmert. Von den Schädelbruchstücken konnten nur wenige gerettet werden. Zum Glück barg man das aus drei sehr leichten Knochen bestehende Brustbein, das vorher vom Waldelefanten unbekannt war. In der Fundschicht befanden sich reichlich Lindenpollen, Muscheln, Schneckenreste und Fischknochen. Rosenbrock hielt sich an das preußische Ausgrabungsgesetz vom 26. März 1914 und informierte am 28. März 1948 Karl Hermann Jacob-Friesen (1866–1960), den Direktor des Landesmuseums in Hannover, über die Bergung von „Mammutknochen" und „Feuerstein-Splittern". Außerdem fragte er an, ob es möglich wäre, einen vorgeschichtlichen Mitarbeiter aus Hannover nach Lehringen zu schicken, damit er die Fundumstände an Ort und Stelle selbst feststellen könne.
In den Tagen darauf barg Rosenbrock mit seinen Kindern Waltraut und Wolfgang sowie gelegentlichen Helfern weitere Tierknochen und zwei Feuersteinartefakte. Bedauerlicherweise konnte er keine Fotos anfertigen, da er keinen Fotoapparat und keine Filme besaß.
Am 31. März 1948 erhielt Rosenbrock von Museumsdirektor Jacob-Friesen die Mitteilung, er werde bald mit einem geologi-

*Nachbildung der Lanze von Lehringen
im Niedersächsischen Landesmuseum in Hannover.
Foto: Nifoto / CC BY-SA 3.0 (via Wikimedia Commons),
lizensiert unter Creative-Commons-Lizenz by-sa-3.0,
https://creativecommons.org/licenses/by-sa/3.0/legalcode*

schen Mitarbeiter nach Lehringen kommen. Dieser Mitarbeiter sei aber derzeit im Urlaub.
Soweit es seine Zeit erlaubte, arbeitete Rosenbrock weiterhin an der Fundstelle. Seine Mühe und die seiner Helfer wurde belohnt, weil man am 1. April 1948 zwischen zwei Elefantenrippen vom unteren Ende einer „Stange" in Besenstärke etwa 30 Zentimeter freilegte. Um die Länge der „Stange" ermitteln zu können, musste man von oben senkrecht ungefähr 1,50 Meter tief im Mergel graben. Dies war aber erst möglich, nachdem die Schienen des Baggers verlegt worden waren. Erst am dritten Tag erreichte man die „Stange" die erheblich länger war als vermutet. Sie lag in ihrer gesamten Länge in ungestörter Lage der Mergelschichten, war aber durch den Druck des darüberliegenden Mergels oder erst bei der Bergung in sechs oder sieben Teile zerbrochen, die hintereinander lagen. Die „Stange" wurde bis zum 5. April 1948 vollständig freigelegt.
Die mehr als zwei Meter lange, leicht gebogene „Stange" war eine Lanze aus Eibenholz. Die Angaben über die Gesamtlänge der Lanze differieren in der Literatur: Es war die Rede von 2,15 Meter (Karl Dietrich Adam 1951), 2,24 Meter (Ernst Probst 1991), 2,38 Meter (Hartmut Thieme/Stephan Veil 1985), 2,40 Meter (Waltraut Deibel-Rosenbrock 1960), 2,50 Meter (Helmut Hanitzsch/Volker Toepfer 1984). Als Entdecker der Lanze werden Alexander Rosenbrock (laut Hartmut Thieme/ Stephan Veil 1985), Otto Voigt (nach eigenen Angaben 1960) sowie Waltraut Rosenbrock und Rudolf Biere (nach Angaben von Waltraut Deibel-Rosenbrock) bezeichnet.
Oft wird statt einer Lanze ein Speer erwähnt. Experten der Sporthochschule Köln erkannten im 21. Jahrhundert, dass sich diese Waffe sowohl als Wurfspeer als auch als Stoßlanze eignete. Der aus einem Baumstämmchen hergestellte Schaft der Lanze war vollständig entrindet und glatt geschabt. Nahezu 40

Foto auf Seite 55:

*Nachgestellte Entdeckung der Lanze von Lehringen
kurz nach der tatsächlichen Entdeckung vom 1. April 1948.
Als Ausgräber auf dem Foto betätigt sich der Lehrer, Heimatforscher
und ehrenamtliche Kreisarchivpfleger Otto Voigt (1910–2001)
aus Verden/Aller.
Die Lanze wird ersatzweise mit einem Besenstiel dargestellt.
Aufnahme eines unbekannten Fotografen aus dem Aufsatz
„Neue Untersuchungen zum eemzeitlichen Elefanten-Jagdplatz Lehringen,
Ldkr. Verden" von Hartmut Thieme und Stephan Veil
in „Die Kunde" 36, S. 11–58, Hannover 1985*

*Die ersten Wochen in Lehringen waren laut Otto Voigt
die schönsten und interessantesten für die Ausgräber.
Vor lauter Spannung empfanden sie kaum
die schwere körperliche Beanspruchung
bei der anstrengenden Spaten- und Spachtelarbeit.
Wegen des immer weiterschürfenden Eimerbaggers
standen die Ausgräber ständig unter Zeitdruck.
Sie gönnten sich kaum Pausen zum Verschnaufen und Essen.
Häufig gruben sie bis in die Dämmerung. Am nächsten Tag
hatte der Bagger die Fundgrube wieder zugeschüttet
und es mussten zunächst einige Zentner Mergel herausgeschaufelt werden.
Um an die Fundschicht heranzukommen, mussten viele Kubikmeter Mergel
abgebaut werden. Dies erforderte schwere körperliche Arbeit,
welche die wenigen Helfer mit einfachen Geräten
nur mit äußerster Anstrengung und langsam leisten konnten.
Nach Stilllegung des Pumphebewerkes in der Mergelgrube stieg das Wasser
unerbittlich höher. Oft war eine mühsam freigelegte Fläche
bereits am nächsten Tag überflutet.*

*Nachgestellte Entdeckung der Lanze von Lehringen
— wie auf dem Foto von Seite 55 —
kurz nach der tatsächlichen Entdeckung vom 1. April 1948.
Als Ausgräber auf der Zeichnung
betätigt sich der Lehrer, Heimatforscher
und ehrenamtliche Kreisarchivpfleger Otto Voigt aus Verden/Aller.
Zeichnung: Tobias Emskötter, Maler und Zeichner,
Hamburg, http://emskoetter.de.
Reproduktion aus dem Buch
„Bauernreihen in den Dörfern der Kirchspiele
des alten Amtes Verden",
Band 1, Hamburg 1993, von Otto Voigt.
Voigt hat sich um die Familienforschung im Raum Verden
sehr verdient gemacht.*

*Humorvolle Darstellung
der Jagd auf einen Waldelefanten
bei Lehringen vor etwa 125.000 Jahren.
Zeichnung: Tobias Emskötter, Maler und Zeichner,
Hamburg, http://emskoetter.de.
Reproduktion aus dem Buch
„Bauernreihen in den Dörfern der Kirchspiele
des alten Amtes Verden",
Band 1, Hamburg 1993, von Otto Voigt.*

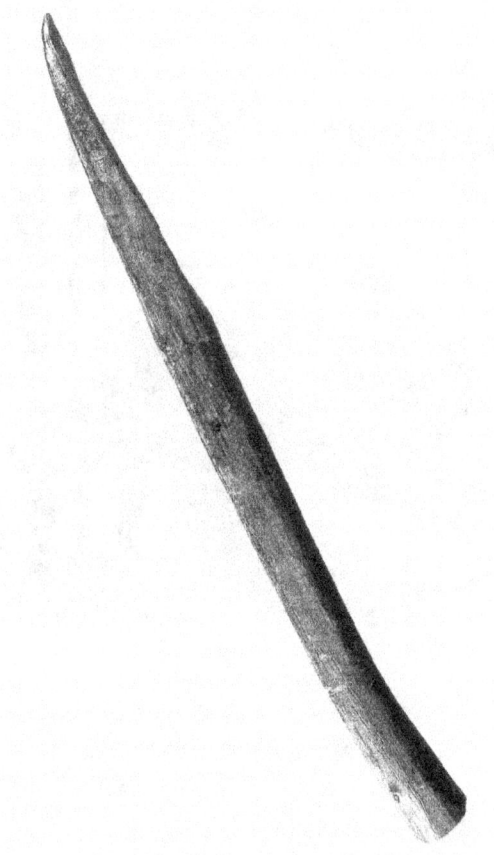

*Spitzenbruchstück der Lanze von Lehringen
(Kreis Verden) in Niedersachsen.
Länge des Spitzenbruchstücks 27 Zentimeter.
Original im Historischen Museum Domherrenhaus, Verden/Aller.
Foto: Niedersächsisches Landesmuseum,
Urgeschichts-Abteilung, Hannover*

Astansätze hatte man sorgfältig entfernt. Das dünnere Ende der Lanze ist zugespitzt und vielleicht nicht mit Hilfe von Feuer gehärtet worden, wie es früher hieß. Verrundungen am Unterende der Lanze deuten auf eine längere Verwendung hin. Das rundgeschliffene spatelförmige Ende diente womöglich zum Graben oder zu anderen Aktivitäten.
Vermutlich hatte man dem Rüsseltier die Spitze der Jagdwaffe vorne in den Brustkorb gestoßen. Durch das hohe Gewicht des darauf stürzenden Tieres wurde die Lanze halbkreisförmig gebogen, plattgedrückt und zerbrochen. Zu phantasievoll geraten ist die Schilderung im „Spiegel", der von der Lanze getroffene Elefant habe aufgebrüllt und sei in einen nahegelegenen Sumpf gerannt, wo er gemächlich versunken sei. Die Ur-Verdener hätten ein Triumphgeheul angestimmt, dem Elefanten auf Flößen nachgesetzt, sich auf seinem Rücken niedergelassen und die Feuersteinmesser gewetzt. Bis heute ist nirgendwo ein Floß aus der Altsteinzeit bekannt.
Am 2. April 1948 bekam Rosenbrock von dem Assistenten im Landesmuseum in Hannover und Prähistoriker Wolfgang Dietrich Asmus (1908–1993) die Nachricht, er und der Geologe Friedrich (Fritz) Hamm (1891–1972) kämen am 6. April 1948 nach Lehringen.
Tatsächlich trafen Asmus und Hamm am 6. April 1948 ein. Beide besichtigten die Fundstelle und Hamm untersuchte die Backenzähne und die Rippen. Der Geologe identifizierte die Tierreste als „*Elephas antiquus*", was der damalige Artname des Europäischen Waldelefanten oder Eurasischen Alt-Elefanten (heute: *Palaeoloxodon antiquus*) war. In seinem Studierzimmer zeigte Rosenbrock stolz die Lanze. Seine Besucher erkannten, dass es sich dabei um einen Fund von weltweiter Bedeutung handelte. Rosenbrock händigte nach langem Hin und Her den Besuchern aus Hannover die sechs oder sieben Bruchstücke

*Obiges Foto zeigt die Rekonstruktion
eines Europäischen Waldelefanten (Palaeoloxodon antiquus)
in der Sonderausstellung „Elefantenreich" (2010)
im Landesmuseum für Vorgeschichte Halle (Saale).
Foto: Einsamer Schütze / CC BY-SA 4.0 (via Wikimedia Commmons),
lizensiert unter Creative-Commons-Lizenz by-sa-4.0,
https://creativecommons.org/licenses/by-sa/4.0/legalcode
Der Europäische Waldelefant lebte vor etwa 900.000 bis 33.000 Jahren.
Oft wird die Art nur als Waldelefant bezeichnet,
was zu Verwechslungen mit dem heutigen Afrikanischen Waldelefanten
(Loxodonta cyclotis) führen kann.
Palaeoloxodon antiquus wurde 1847 von dem schottischen Paläontologen
und Geologen Hugh Falconer (1808–1865)
und dem englischen Ingenieur und Paläontologen
Sir Proby Thomas Cautley (1802–1871)
erstmals wissenschaftlich beschrieben.*

*Obiges Foto zeigt einen heutigen Afrikanischen Waldelefanten
(Loxodonta cyclotis) mit Kalb
im Sumpf Mbeli Bai
im Nouabalé-Ndoki National Park im Kongo.
Foto: Thomas Breuer / CC BY 2.5 (via Wikimedia Commmons),
lizensiert unter Creative-Commons-Lizenz by-2.5,
https://creativecommons.org/licenses/by/2.5/legalcode
Loxodonta cyclotis wurde 1900
von dem deutschen Zoologen Paul Matschie (1861–1926)
erstmals wissenschaftlich beschrieben.*

Lebensbild eines Europäischen Waldelefanten.
Zeichnung: Dfoidl / CC BY 3.0 (via Wikimedia Commons),
lizensiert unter Creative-Commons-Lizenz by-3.0,
https://creativecommons.org/licenses/by/3.0/legalcode

*Rekonstruktion eines Europäischen Waldelefanten,
dessen rund 200.000 Jahre alte Skelettreste 1986
im Geiseltal in Sachsen-Anhalt entdeckt wurden,
in der Ausstellung „Fundort Pfännershall".
Foto: Dominique Görlitz (via Wikimedia Commons),
Lizenz: gemeinfrei (Public domain)*

der Lanze aus, machte aber zur Bedingung, dieser Fund dürfe nur dem Präparator der Technischen Hochschule übergeben werden und nicht im Landesmuseum verschwinden. Die Konservierung der Lanzenspitze sollte der Chemiker Professor Wilhelm Geilmann (1891–1967) an der TH in Hannover vornehmen. In Hannover hat man – angeblich aus konservatorischen Gründen – einige Fragmente der Lanze noch einmal gebrochen, weshalb danach elf Bruchstücke vorlagen. Von der Entdeckung der Lanze am 1. April 1948 bis zum Beginn ihrer Konservierung vergingen mindestens mehrere Wochen. Deswegen sind die Fragmente der Lanze teilweise ausgetrocknet und geschrumpft..

In den ersten Tagen der Ausgrabungsarbeiten im Frühjahr 1948 stieß man auch auf flache, schmale, etwas gebogene Holzstücke, deren Bedeutung man nicht erkannte und wegwarf. 1960 wurde im Abschlussbericht von Waltraut Deibel-Rosenbrock spekuliert, diese Holzstücke könnten Teile von Flößen, geflochtenen Körben oder Fischreusen sein. „Sicher haben wir unachtsam gehandelt, als wir die Holzstücke nicht aufhoben und nicht auf Bearbeitungsspuren untersuchten", bedauerte Frau Deibel-Rosenbrock 1960. Die Prähistoriker Thieme und Veil hielten es 1985 für möglich, dass es sich um Teile einer weiteren Lanze handelte.

Am 28. April 1948 kam auch Museumsdirektor Jacob-Friesen aus Hannover in Begleitung des Geologen Hamm nach Lehringen. Damals war aber nicht mehr viel an der Fundstelle in der Mergelgrube zu sehen. Bei diesem Besuch entstand ein Foto, das Rosenbrock, Museumsdirektor Jacob-Friesen, den Geologen Hamm, den Bodendenkmalpfleger Rudolf Biere und den Lehrer Voigt zeigt.

Nach Gebrauchs- und Politurspuren zu schließen, war die Lanze von Lehringen schon vor der Jagd auf den Waldelefanten

verschiedentlich benutzt worden. Laut Pollenanalysen hat die Elefantenjagd bei Lehringen in der Eem-Warmzeit vor etwa 125.000 bis 115.000 Jahren stattgefunden. Genauer gesagt in der Pollenzone III c der Linden-Ulmen-Hasel-Zeit. In der Eem-Warmzeit existierte nur die Menschenform Neandertaler.
Die zusammen mit dem Europäischen Waldelefanten und der Lanze geborgenen 28 Artefakte sind Abschläge aus baltischem Feuerstein. Vielleicht hat man in der Mergelgrube bei Lehringen nicht alle Artefakte gefunden. Nach 1960 sollen zwei Artefakte verlorengegangen sein. Unbearbeitete Feuerstein-Rohknollen und fertige Werkzeuge fehlen im Fundgut. Mikroskopische Gebrauchsspurenanalysen an drei Abschlägen belegten Fleischpolitur. Offenbar hat man die Abschläge vor Ort dazu verwendet, den Waldelefanten zu zerlegen. Durch die Funde bei Lehringen gelang erstmals der Nachweis, dass die Neandertaler aktiv Großwild jagten und dabei Holzlanzen benutzten.
Nach einem Monat ungeduldigen Wartens erfuhr Rosenbrock vom Besitzer der Mergelgrube, Franz Werner, der Museumsdirektor Jacob-Friesen habe ihm am 12. Mai 1948 einen Brief geschrieben. Darin wurde behauptet, Werner habe zwar als Eigentümer der Mergelgrube das Verfügungsrecht, doch nach dem Ausgrabungsgesetz habe das Land Niedersachsen die Befugnis, die Ablieferung zu verlangen. Den größten Teil der Skelettreste und die Hälfte der Feuersteingeräte wollte Jacob-Friesen dem Heimatmuseum Verden überlassen. In einem Brief an Rosenbrock vom 19. Mai 1948 wiederholte Jacob-Friesen seine Vorstellungen. Außerdem versprach er dem Heimatmuseum „eine naturgetreue und materialgerechte Nachbildung der Holzlanze" und wies darauf hin, dass eine fachgerechte Aufbewahrung dieses Fundes nur in Hannover gegeben sei.
Auf Veranlassung durch Rosenbrock forderte der Landkreis Verden vom Grubenbesitzer Franz Werner, der seit seiner

*Hinrich Wilhelm Kopf (1893–1961),
Ministerpräsident von Niedersachsen 1948.
Foto: Bundesarchiv, B 145 Bild-F046120-0016 / Vollrath /
CC BY-SA 3.0 DE (via Wikimedia Commons),
lizensiert unter Creative-Commons-Lizenz by-sa-3.0-de,
https://creativecommons.org/licenses/by-sa/3.0/de/legalcode*

Heirat mit der Hebamme Doris Meta Bokelmann ab 1922 in Kirchlinteln wohnte, die Abgabe der Funde. Nach deren Überlassung übergab der Landkreis sie dem Verdener Heimatverein. Zugleich bat Rosenbrock in seiner Eigenschaft als Vorsitzender des Verdener Heimatvereins e. V. beim Bezirksverwaltungsgericht Stade um Aufhebung des Ablieferungsverlangens durch Hannover.

Das war etwas völlig Neues im Land. Bis dahin hatte man alle Funde von größerer Bedeutung im Landesmuseum in Hannover deponiert. Weil das Landesmuseum nicht auf die Forderung, die Lanze wieder herauszugeben, reagierte, klagte Rosenbrock beim Bezirksverwaltungsgericht, das den Vorgang an den niedersächsischen Kultusminister weitergab. Nach einem Wartejahr klagte Rosenbrock gegen Kultusminister Richard Voigt (1895–1970). Daraufhin verfügte der Minister in einem Erlass, das Land sei an erster Stelle erwerbsberechtigt.

Auch der Ministerrpräsident von Niedersachsen, Hinrich Wilhelm Kopf (1893–1961), ergriff Partei für das Landesmuseum in Hannover. Er entschied am 16. März 1949: „Der Holzspeer bleibt in Hannover und das Elefantenskelett kommt nach Hannover".

Im Laufe der Auseinandersetzung versuchte Museumsdirektor Jacob-Friesen, den renommierten Prähistoriker Alfred Rust (1900–1983) aus Ahrensburg als Vermittler zu gewinnen. Doch diese Mission hatte keinen Erfolg. Im Auftrag von Jacob-Friesen bot Rust Ende 1949 oder Anfang 1950 Rosenbrock 5.000 Mark an, „um die Funde aus der Grube zu bergen". Dieselbe Summe hatte Jacob-Friesen bereits am 16. März 1949 für eine gründliche Bearbeitung des Befundes und seiner Publikation beim niedersächsischen Ministerpräsidenten Kopf beantragt.

Akteure im jahrelangen Streit über den Verbleib der Lanze von Lehringen waren auf Verdener Seite Alexander Rosenbrock

*Der Ahrensburger Prähistoriker Alfred Rust (1900–1983)
hat sich durch seine Ausgrabungen und Veröffentlichungen
um die Erforschung der „Hamburger Kultur"
und „Ahrensburger Kultur" große Verdienste erworben.
Foto: Dipl.-Ing. Klaus Möller, Ahrensburg*

und die Stadt Verden sowie auf Hannoveraner Seite Museumsdirektor Karl Hermann Jacob-Friesen, der Prähistoriker Wolfgang Dietrich Asmus und das niedersächsische Kultusministerium. Jahrelang gab es Briefe, Erlasse und Widersprüche mit teilweise persönlichen Angriffen und Unterstellungen. Zeitungen berichteten ständig über den Stand der Querelen, wobei sie für die eine oder die andere Seite Partei ergriffen.
1951 befasste sich der inzwischen in Stuttgart arbeitende Paläontologe Karl Dietrich Adam in seinem Beitrag „Der Waldelefant von Lehringen, eine Jagdbeute des diluvialen Menschen" in der Fachzeitschrift „Quartär" eingehend mit dem Fund vom März 1948. Ihm hatte das Unterkiefergebiss des Elefanten im Original und auf Fotos vorgelegen. Die stark niedergekauten vorletzten Backenzähne und Distalteile des eben erst in Benutzung genommenen letzten Backenzahns zeigten durchweg typische Kennzeichen von Waldelefanten. Bei dem Lehringer Elefantenfund handelte es sich – laut dem Stuttgarter Experten – um einen ausgewachsenen, ungefähr 45jährigen typischen Waldelefanten von primitivem Habitus.
Nach Auffassung von Adam hatte die Jagd auf den bei Lehringen entdeckten Waldelefanten fernab vom Lehringer See irgendwo im Busch oder Wald begonnen. Einige Jäger hätten sich an eine Waldelefanten-Herde oder an ein einzelnes Tier herangeschlichen oder an einem Elefanten-Pfad vorbeiziehendem Wild aufgelauert. Aus nächster Nähe versuchten die Jäger ihre mit tödlichem Gift bestrichenen mehr als mannslangen Eibenholzspeere einem Elefanten in den Leib zu treiben. Ein getroffener Koloss brach in wilder Flucht durch das Gehölz. Der verwundende Speer war bald abgestreift, höchstens die abgesplitterte Spitze steckte noch in der blutenden Wunde. Nach Stunden oder Tagen machte sich das in den Körper gelangte Gift immer stärker bemerkbar. Das Tier fühlte sich

Foto auf Seite 71:

*Darstellung der Jagd auf den Europäischen Waldelefanten
von Lehringen
im Historischen Museum Domherrenhaus, Verden/Aller.
Ein mit einer Lanze bewaffneter Neandertaler
steht dem riesigen Rüsseltier gegenüber.
Foto: Domherrenhaus Historisches Museum, Verden/Aller*

krank, ahnte vielleicht den nahenden Tod und wollte seinen Durst im See bei Lehringen stillen. Nach langer Verfolgung stellten die Jäger und ihre Sippe den todwunden Elefanten im flachen Wasser nahe des Ufers auf. Mit einem Speerwurf versuchte man, das Tier auf das Land zu treiben. Doch wenig später neigte sich der Elefant zur Seite und sackte – den Speer unter sich begrabend – zusammen. Die am Ufer auf den Tod des Tieres wartenden Jäger arbeiteten sich nun heran und begannen damit, mit Feuersteingeräten die Beute zu zerteilen, was wegen des Wasser nur teilweise gelang. „Dies ist die Kunde, die ein hölzerner Speer, einige Dutzend einfacher Werkzeuge aus Feuerstein und ein Waldelefanten-Skelett, in Mergelschichten gebettet, in unsere heutige Zeit herübergetragen haben", beendete Karl Dietrich Adam seinen Aufsatz von 1951.

Andere Autoren/innen bezweifelten, dass der Elefant mit einem vergifteten Speer verletzt wurde. Silvana Condemi und François Savatier beispielsweise schrieben in ihrem Buch „Der Neandertaler, unser Bruder" (2020), ein Frontalangriff sei – mit oder ohne Gift – sehr riskant gewesen. Verletzte Elefanten könnten sehr aggressiv werden. Plausibler sei, dass Jäger einen Elefanten aufspürten, der in einem Sumpf feststeckte. Vielleicht hätte man ihn durch eine List dort hineingetrieben und dann erlegt. Derjenige, der ihn getötet habe, müsse ein starker und mutiger Jäger gewesen sein.

Der Hannoveraner Zoologe und Anatom Wilfried Meyer (1945–2019) machte sich 1974 in der Zeitschrift „Die Kunde" Gedanken darüber, wie der Waldelefant von Lehringen getötet werden konnte. Wenn dieser bis zum Bauch in sumpfigem Gelände eingesunken sei, wäre ein Angriff mit einer Holzlanze dann aussichtsreich gewesen, wenn ein kurzer, harter, von zwei bis drei Männern geführter Stoß auf den Brustkorb die Lanze zwischen zwei Rippen hindurch in die Brusthöhle eindringen

habe lassen. Dabei seien wahrscheinlich die Lunge und ihre Blutgefäße, eventuell sogar das Herz und die großen herznahen Venen und Arterien sowie die Aorta (Hauptkörperschlagader), stark geschädigt worden. Weiterhin hätte wenigstens ein Lungenflügel kollabieren müssen. Insgesamt wäre das Tier durch starke Blutungen und mangelnde Sauerstoffversorgung relativ schnell geschwächt worden und innerhalb eines kürzeren Zeitraumes gestorben.
Ein 1979 von dem amerikanischen Prähistoriker Bruce B. Huckell veröffentlichtes Experiment mit modern geschlagenen Steinwerkzeugen an zwei verendeten Zirkuselefanten ergab, dass drei Männer ausreichten, um einen Elefanten in kurzer Zeit zu zerlegen. Folgende Arbeitsschritte war dazu nötig: Aufschneiden der durchschnittlich 2,5 Zentimeter dicken Haut, Ablösen der Haut, Tranchieren des Muskelfleisches und vor allem frühzeitiges Ausnehmen der Eingeweide, um ein Sauerwerden des Fleisches zu verhindern.
Es gibt auch heute noch Zweifel daran, dass Neandertaler mit Lanzen imposante Elefanten oder Nashörner erlegt haben. Der deutsche Prähistoriker Thorsten Uthmeier (bis 2010 an der Universität Köln, danach an der Universität Erlangen-Nürnberg) gelangte 2006 nach Tausenden von Tierknochenfunden von Jagd-, Rast- und Lagerplätzen im Tagebau Garzweiler zwischen Köln und Jülich sowie auf der Halbinsel Krim zu der Ansicht, Neandertaler hätten ausschließlich Tiere von weniger als einer Tonne Lebendgewicht gejagt. Im Rheinland habe ihre Beute vor allem aus Pferden, Rentieren und Steppenbisons bestanden, auf der Krim hauptsächlich aus Saiga-Antilopen und Wildeseln. Diesen Tieren habe man an Uferstellen, wohin sie täglich zum Trinken kamen, sowie an Furten, an denen sie auf ihren Wanderungen einen Wasserlauf passieren mussten, aufgelauert.

Neandertaler wollten laut Uthmeier ein Maximum an Fleisch bei einem Minimum an Verletzungsrisiko. Eine Kleingrupe von fünf bis sieben Personen konnte innerhalb von höchstens zwei Wochen, in denen das Fleisch eines erlegten Tieres in der warmen Jahreszeit ohne Konservierung genießbar war, mximal 400 Kiogramm Fleisch essen. Hinterher hätte sich der Rest bei einem erwachsenen Waldelefanten – schätzungsweise 85 Prozent seines Fleisches – in stinkendes, von Fliegenmaden wimmelndes und mit Krankheitserregern durchsetztes Aas verwandelt. Demnach war es vernünftig, nur Wild unterhalb etwa einer Tonne Lebendgewicht zu jagen, wo Risiko und erwartbarer Nutzen einander die Waage hielten.

Mit Wurfspeeren bewaffnet hätten sich Neandertaler ihrer Beute bis auf mindestens 15 Meter nähern müssen, mit Stoßlanzen ausgerüstet bis auf drei Meter. Demzufolge mussten sich Jäger in nächster Nähe an einer Furt oder einer Wasserstelle im Gestrüpp in den Hinterhalt legen. Kam ein Beutetier ans Wasser, stürzten die Jäger überfallartig aus ihrem Versteck und warfen ihre Waffen oder stießen mit ihnen zu.

Uthmeier vermutet, der 1948 in der Mergelgrube bei Lehringen entdeckte Fund habe nicht zur Jagd auf einen Waldelefanten gedient. Bei diesem Gegenstand habe es sich um keine spezialisierte Jagdwaffe, sondern wegen ihrer Abrundung am unteren Ende wohl auch um einen Grabstock gehandelt. Der als Lanze gedeutete Fund könne an ganz anderer Stelle am See verlorengegangen sein. Das Mehrzweckwerkzeug könne erst durch die Strömung des Wasserlaufes, der den See durchzog, in die Stillwasserzone am Ufer getrieben worden sein. Zufällig sei das Mehrzweckwerkzeug am Kadaver des auf natürliche Weise gestorbenen Waldelefanten hängen geblieben. Gebrauchsspuren an den zusammen mit den Skelettresten des Waldelefanten geborgenen Steinwerkzeugen belegten aber, dass

sich Neandertaler an dem Rüsseltier zu schaffen gemacht haben. Bei einem Waldelefanten mit vier Meter Schulterhöhe mit seiner 2,5 bis 4 Zentimeter dicken Haut machte ein Jäger mit einer hölzernen Stoßlanze keinen Stich, zumindest keinen tödlich, meint Uthmeier.
Ein wesentlich weniger gefährliches Szenario als eine aktive Jagd betrachtet der Bonner Paläontologe Wighart von Koenigswald für möglich. Koenigswald gilt als Deutschlands renommiertester Experte für die Tierwelt des Eiszeitalters. Auch er hält es für unwahrscheinlich, dass mit Stoßlanzen versehene Jäger einen kraftvollen Waldelefanten angegriffen hätten Nach seiner Ansicht hätte eine Jagdgruppe von Neandertalern einen sterbenden Waldelefanten bei Lehringen am Seeufer entdeckt haben können. Dann habe ein mutiger Jäger mit einer Lanze durch einen prüfenden Piekser geprüft, ob das Tier bereits tot sei. Anschließend habe er die anderen zum Zerlegen der Beute geholt.
Eine Wende in dem Rechtsstreit zwischen dem Land Niedersachsen und dem Heimatbund Verden bahnte sich am 30. April 1954 durch einen Vergleich an. Darin wurde ein Gremium bestimmt, das bezüglich der sachgemäßen Aufbewahrung der Funde aus Lehringen im Verdener Heimatmuseum ein Gutachten erstellen sollte. Es verging fast ein Jahr, bis alle Auflagen erfüllt waren. Am 28. März 1955 konnte der Heimatpfleger des Kreises Verden, Rektor i. R. Alexander Rosenbrock, nach fast siebenjährigem Rechtsstreit die Lanze im Landesmuseum in Hannover übernehmen. Zeitungen berichteten im Mai 1955, der Originalfund der Lanze werde ab Juni 1955 öffentlich ausgestellt. Rosenbrock konnte sich über diesen Erfolg nicht lange freuen. Er starb am 28. Juni 1955 im Alter von 74 Jahren.
Bis zur Übergabe im Frühjahr 1955 war die Lanze von Lehringen in einer Art Standuhrgehäuse im Landesmuseum

*Die etwa 125.000 Jahre alte Lanze von Lehringen
ist eine Attraktion im Historischen Museum Domherrenhaus
in Verden/Aller.
Foto: Peter von Rueden / CC BY-SA 2.0 (via Wikimedia Commons),
lizensiert unter Creative-Commons-Lizenz by-sa-2.0,
https://creativecommons.org/licenses/by-sa/2.0/legalcode*

in Hannover gezeigt worden. Daneben hatte man ein Kolossalgemälde angebracht. „Die künstlerisch schlichte Darstellung zeigt, wie kräftige Männer mit langen Bärten und Bärenfellschurzen einen riesigen Alt-Elefanten mit eben jener Lanze jagen, die nebenan im Uhrgehäuse hängt", schrieb das Nachrichtenmagazin „Der Spiegel".
Der Frankfurter Paläobotaniker Richard Kräusel (1890–1966) publizierte 1955 in „Palaeontographica" den Beitrag „Die Interglazialflora von Lehringen". Er war bei der Untersuchung der pflanzlichen Großreste zu der Erkenntnis der Existenz von mindestens 130 Arten von Pilzen, Moosen und Blütenpflanzen gekommen. Damit bestätigte er den pollenanalytischen Befund.
In der Mergelgrube bei Lehringen unterschied man – von unten nach oben – folgende Schichten:
Ia Unterer Torf
Ib Birken-Kiefern-Schicht
II Kiefern-Ulmen-Schicht
III Hasel-Schicht
IV Hasel-Linden-Schicht
V Linden-Schicht
VI Hainbuchen-Schicht
VII Oberer Torf, unterer Teil
VIII Oberer Torf, oberer Teil
Die Lanze von Lehringen bildet eine Attraktion im Domherrenhaus Historisches Museum in Verden/Aller. Dieses bedeutendste Museum von Verden an der Aller befindet sich seit 1937 im 1708 erbauten Domherrenhaus nahe des Doms. Die prähistorische Abteilung ist im Erdgeschoss des Gebäudes untergebracht. Dort wird über das Leben der Neandertaler informiert. Blickfänge sind die Nachbildungen eines Waldelefanten und eines Neandertaler-Jägers. Diese Inszenierung ist durch die Förderung der Kreissparkassen-Stiftung und des

Das Niedersächsische Landesmuseum in Hannover ist ein Tempel der Kunst und Wissenschaft. Foto: Von Losch (via Wikimedia Commons), Lizenz: gemeinfrei (Public domain)

Wirtschaftsförderkreises zustande gekommen. Zeitweise sah man die Lanze von Lehringen als Leihgabe in Sonderausstellungen. Im August 2015 meldeten Zeitungen, der Originalfund sei dem Niedersächsischen Landesmuseum in Hannover für eine Ausstellung zur Frühgeschichte als Leihgabe überlassen worden. Während der Abwesenheit des Originalfundes sei in Verden eine Nachbildung ausgestellt. 2020 bereicherte die Lanze eine Neandertaler-Ausstellung in Dänemark.
1960 veröffentlichte die inzwischen verheiratete Waltraut Deibel-Rosenbrock nach Aufzeichnungen ihres 1955 verstorbenen Vaters Alexander Rosenbrock im „Stader Jahrbuch" den 35seitigen Beitrag „Die Funde von Lehringen". Die Autorin schilderte die Entdeckung, Bergung und Untersuchung des Jahrhundertfundes und übte berechtigte Kritik: „Bei der überörtlichen Bedeutung des Fundes hätte das Hannoversche Landesmuseum, das damals unter Leitung von Prof. Jacob-Friesen stand, den Baggerbetrieb einstellen und das ganze Lager planmäßig von Fachkräften untersuchen lassen müssen. Da Hannover in Passivität verharrte, blieb die ganze Untersuchung der Initiative einzelner Laien überlassen, die über ganz geringe Geldmittel verfügten." Im Jahr zuvor war 1959 das Werk „Einführung in Niedersachsens Urgeschichte" (Band I: Steinzeit) von Jacob-Friesen erschienen. Darin wurde Rosenbrock nicht erwähnt.
Im Beitrag „Die Funde von Lehringen" von Frau Deibel-Rosenbrock erfolgte 1960 die erste vollständige Beschreibung der bereits 1948 in der Mergelgrube bei Lehringen geborgenen Feuersteinartefakte. Der Archäologe Jürgen Gutmann (1914–1985) aus Erichshagen bei Nienburg zeichnete 27 unter der Inventarnummer 5009 im Heimatmuseum Verden aufbewahrte Artefakte und schrieb dazu kurze Anmerkungen. Nach seiner Auffassung zeigen diese Artefakte die Merkmale der Leval-

Bilder auf den Seiten 81 bis 85:

*Der Archäologe Jürgen Gutmann (1914–1985)
aus Erichshagen bei Nienburg
zeichnete 27 Artefakte aus der Mergelgrube bei Lehringen
und beschrieb sie kurz.
Seine Zeichnungen und Kommentare
wurden auf fünf Seiten in der Publikation
„Die Funde von Lehringen" (1960)
von Waltraut Deibel-Rosenbrock veröffentlicht.*

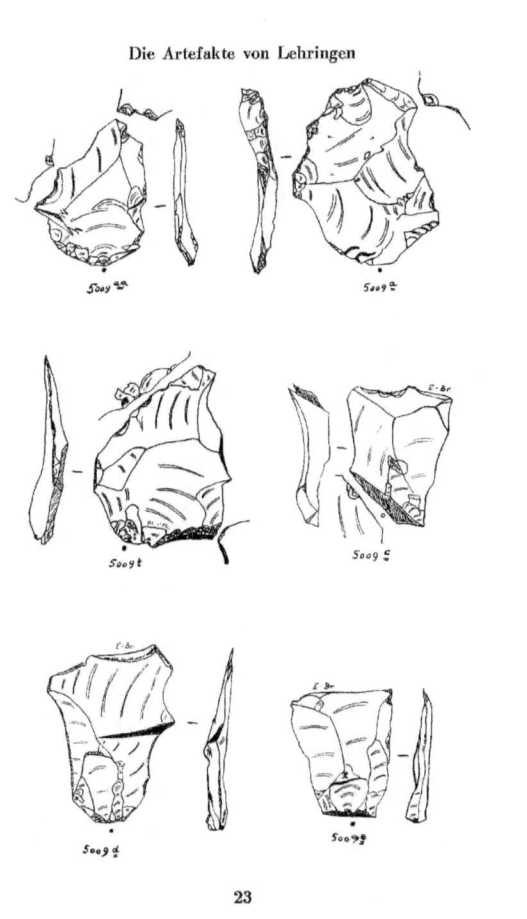

Die Artefakte von Lehringen

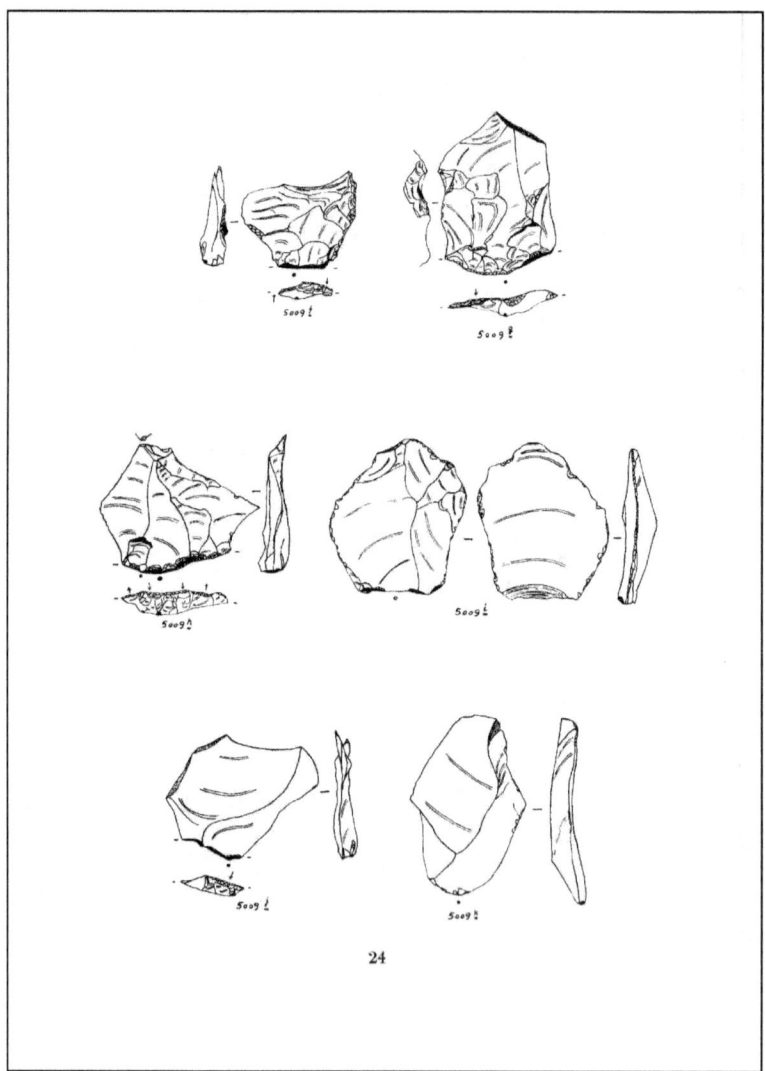
24

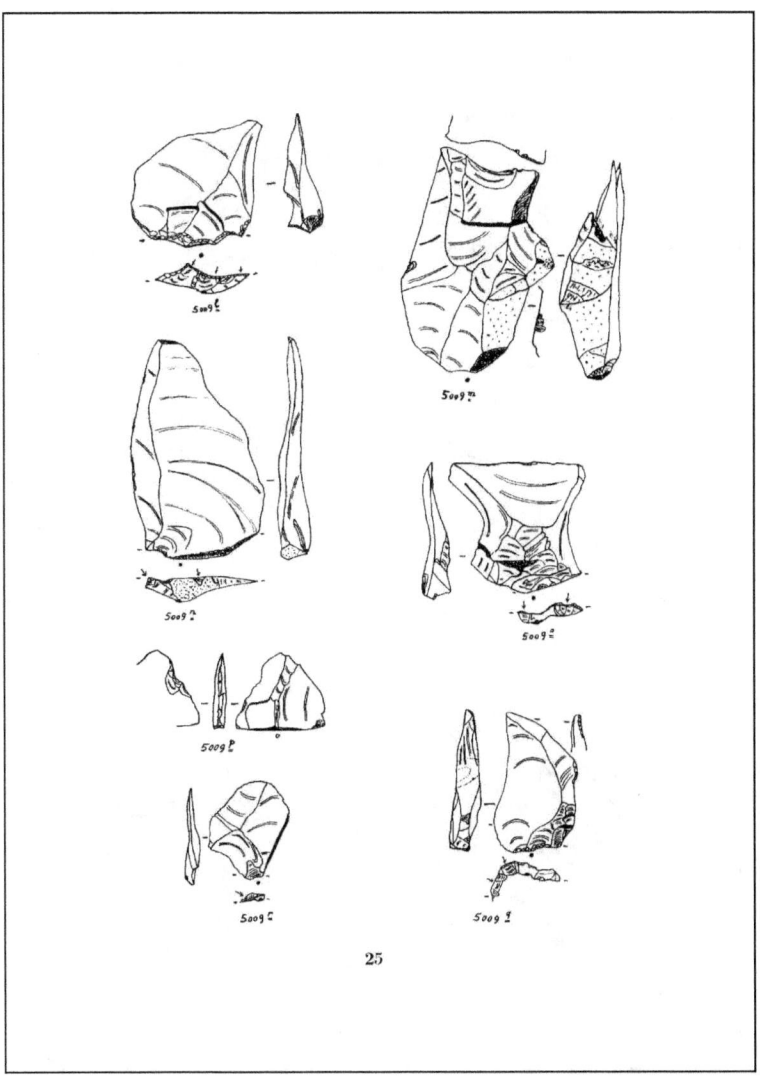

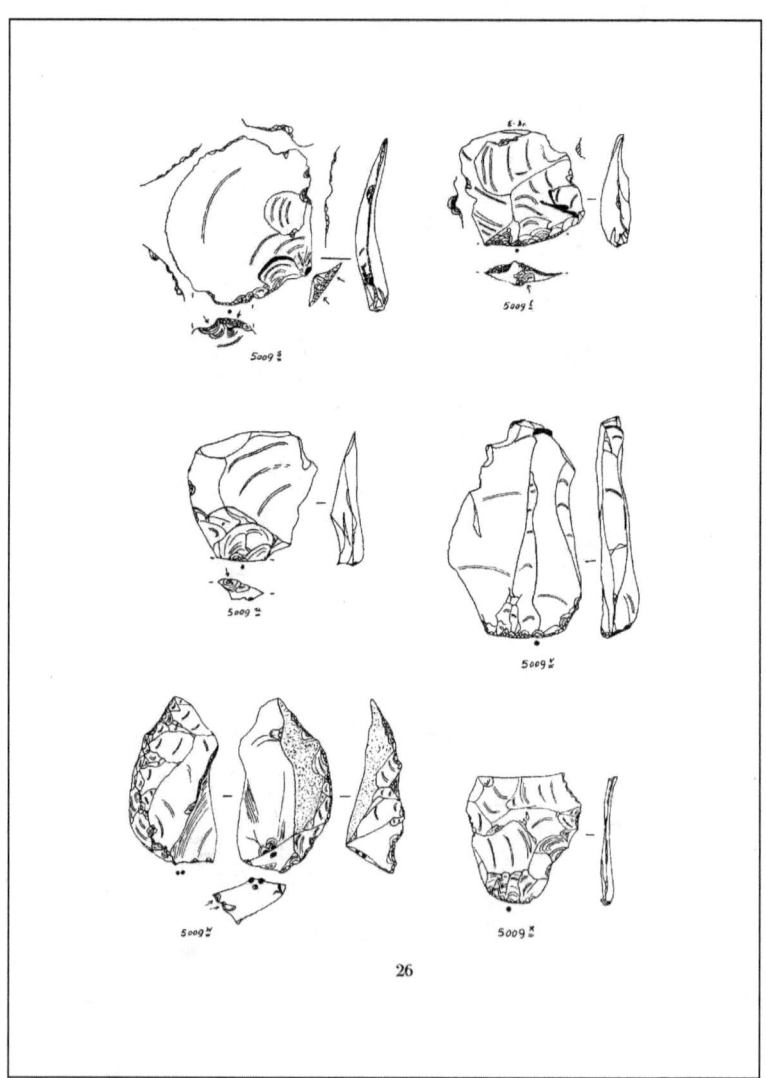

26

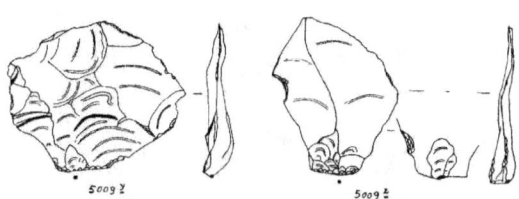

Anmerkungen zu den Artefaktzeichnungen

Die Feuersteinartefakte von Lehringen zeigen die Merkmale der Levallois-Bearbeitungstechnik. Ihre Anzahl beträgt 27 Stücke, die hierunter erstmalig insgesamt vorgelegt werden. Einem Hinweis des Ausgräbers war zu entnehmen, daß einige Flintartefakte zunächst unerkannt geblieben und nicht mit aufgenommen worden sind. Die ungewöhnliche Verkettung der Schwierigkeitsfakten bei dem Grabungsunternehmen läßt diese mögliche Tatsache als verzeihlich bezeichnen.

Von Untersuchungen nach Kulturzugehörigkeit wurde Abstand genommen. Gleichfalls wird auf den Versuch verzichtet, einen Nutzeffekt ausdeuten zu wollen, der mangels genügenden Vergleichsmaterials, dem individuellen Gesichtswinkel des jeweiligen Betrachters ausgeliefert, beweislos bleiben müßte. Der Bearbeiter beschränkt sich auf kurze technische Hinweise und eine entsprechende schmucklose Zeichenmethode.

Sofern der Bulbus (Schlagkegel) am Artefakt vorhanden ist, erhielt die Zeichnung unterhalb des Körpers eine Punktsignatur, fehlende Bulbusenden werden durch einen Kreis an dieser Stelle signiert. In die Aufsicht der Bulbusschlagflächen hineinweisende Pfeile erläutern die Richtung der Levallois-Schlagmarkierungen. Der Hinweis E-Br. bedeutet vorhandenen Etagenbruch an den Klingenenden. An den Stücken etwa verbliebene Flächen mit Naturkruste sind durch zahlreiche Punkte, die Aufschlagmarke eines fehlgegangenen Abtrennversuches (z. B. bei Artefakt Nr. 5009 w) ist mit einem Kreuz im Kreis gekennzeichnet. Um die Anschaulichkeit und Vergleichsmöglichkeit zu gewährleisten, erhält die zeichnerische Darstellung den Maßstab 1 : 0,56.

5009 aa   d'grau — h'grau meliert;
         lk. Seite mit Terminalretuschen, wechselseitige Retuschen am Klingenende

5009 a   d'grau — h'grau marmoriert, bräunlich durchscheinend;
         lk. Seite mit kurzer Steilretusche, anschließende Steilretuschen bis zum Klingenende von der Oberseite ausgeführt

5009 b   h'grau, wenig d'grau meliert, wenig bräunl. durchscheinend;
         lk. Seite mit Steilretusche, lk. Seite Klingenende mit angelegten und Gebrauchs-Retuschen

5009 c   schwz'grau — h'grau, am Mittelgrat kristallisierte Quarzeinsprengsel;
         Terminalretuschen am Klingenende

5009 d   d'grau, bräunl. durchscheinend;
         Gebrauchsretuschen an der lk. und r. Seite

5009 e   h'grau mit dunklen Einsprengseln, bräunl. durchscheinend;
         Retuschen an der r. Ecke Klingenende und r. Seite

5009 f   h'grau, dunkle Einsprengsel, bräunl. durchscheinend;
         r. Seite steil retuschiert

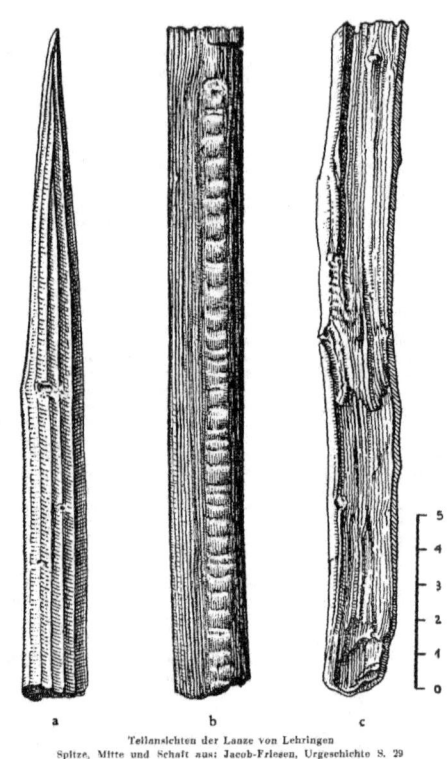

a b c
Teilansichten der Lanze von Lehringen
Spitze, Mitte und Schaft aus: Jacob-Friesen, Urgeschichte S. 29

21

Teilansichten der Lanze von Lehringen (Spitze, Mitte, Schaft).
Zeichnung aus Karl Hermann Jacob-Friesen:
Einführung in Niedersachsens Urgeschichte, Band I: Steinzeit,
Hildesheim 1959,
sowie aus Waltraut Deibel-Rosenbrock: Die Funde von Lehringen,
Stade 1960

lois-Bearbeitungstechnik. Diese Technik ist nach der Fundstelle Levallois-Perret (heute ein Stadtteil von Paris) benannt. Der an den Ausgrabungen in der Mergelgrube bei Lehringen beteiligte Lehrer Otto Voigt würdigte im Nachwort des Beitrages von Frau Deibel-Rosenbrock die Verdienste des Mittelschulrektors i. R., Alexander Rosenbrock. Die Rettung der Lehringer Funde der Jahre 1948 bis 1950 für die Wissenschaft sei ganz allein Rosenbrock zu verdanken, erklärte Voigt. Die anstrengende Spaten- und Spachtelarbeit schien ihm nichts auzumachen. Er gönnte sich kaum Pausen zum Verschnaufen und zum Essen. Manchmal vergaß er, seine geliebte Zigarre weiterzurauchen. Oft grub er bis in die Dämmerung hinein. An Regentagen und an vielen Abenden konservierte er bis tief in die Nacht hinein Fundstücke oder vervollständigte sie. Ihm sei es zu verdanken gewesen, dass auch die Feuersteinartefakte als solche erkannt wurden.

Nach den Ausgrabungen bei Lehringen widmete sich Rosenbrock vor allem dem Wiederaufbau des Verdener Heimatmuseums und seinen Aufgaben als Kultur- und Heimatpfleger des Landkreises Verden und als Stadtarchivar. „Meines Wissens beabsichtigte Alexander Rosenbrock, die Ergebnisse der wissenschaftlichen Untersuchungen des Lehringer Mergellagers zusammen mit einem ausführlichen Fundbericht in einer Lehringer Monographie zu veröffentlichen. Aber der Tod war schneller", schrieb der in Verden geborene Lehrer Otto Voigt, der Heimatforscher, ehrenamtlicher Archivpfleger im Kreis Verden und fleißiger Autor war und 2001 im Raum Hamburg starb.

Alexander Rosenbrock war von 1922 bis 1947 Rektor der Mittelschule in Verden und am 8. März 1928 einer der Gründer und stellvertretender Vorsitzender des Verdener Tennis-Vereins. Außerdem fungierte er als Kultur- und Heimatpfleger des

*Alexander Rosenbrock (1880–1955)
im Alter von 25 Jahren auf einem Foto von 1905,
das in einem Fotostudio in Stade entstand.
Foto: Privatarchiv Stephan Deibel, Cambridge NY, USA*

Kreises Verden und als ehrenamtlicher Museumsdirektor. Sein Grab befindet sich auf dem Waldfriedhof Verden. Auf dem Grabstein stehen die Inschriften „Alexander Rosenbrock 16. 7. 1880 – 28. 6. 1955" und „Paula Rosenbrock, geb. Lewerenz 27. 10. 1902 – 20. 3. 1991". Auf der Internetseite der Verdener Familienforscher ist ein 2009 von Olaf Schmidt angefertigtes Foto des Grabsteins von Alexander Rosenbrock zu sehen.
Die am 21. November 1928 in Verden geborene Waltraut Emma Maria Deibel-Rosenbrock, die Tochter von Alexander Rosenbrock, lernte Mitte der 1950er Jahre ihren in Berlin geborenen und in Freiburg zum Kinderarzt ausgebildeten späteren Ehemann, Dr. Rudolf Emil Deibel (1924–2012), kennen. 1957 heirateten beide und 1962 wanderten sie in die USA aus. Ihr Mann arbeitete von 1962 bis 1989 im Gesundheitsministerium des Staates New York (New York State Departement of Health) in Albany, wo er Experte für Virologie war. Aus der Ehe von Rudolf und Waltraut gingen zwei Söhne (Rudolf Andreas, Stephan Robert Alexander) und eine Tochter (Christiane „Nina" Renate) hervor. Die Familie Deibel zog in den USA mehrfach um. Nach dem Tod von Dr. Deibel lebte die Witwe bei ihrer Tochter in Ghent im US-Bundesstaat New York.
Wolfgang Rosenbrock, der Sohn von Rektor Alexander Rosenbrock, kam im Oktober 1926 in Verden zur Welt und erhielt die Vornamen Karl Wolfgang Wilhelm. 1964 zog er nach Essen. Er arbeitete als Ingenieur und wohnte lange Zeit in Hachenburg. Im Dezember 2015 starb er im Alter von 89 Jahren in Hachenburg.
Erst gegen Ende seiner Recherchen über die Lanze von Lehringen konnte der Autor dieses Taschenbuches mit Nachfahren des Ausgräbers Alexander Rosenbrock in den USA

Wolfgang und Waltraut Rosenbrock mit einer kleinen Eule.
Ihr Vater Alexander Rosenbrock pflegte oft Vögel wieder gesund.
Einmal ließ er eine Ente eine Zeitlang in seiner Badewanne wohnen.
Seine Tochter Waltraut fütterte Rohrdommeln
und gab Störchen Flugunterricht.
Foto: Privatarchiv Stephan Deibel, Cambridge NY, USA

*Rektor i. R. Alexander Rosenbrock (1880–1955), rechts,
während der Ausgrabung in der Mergelgrube bei Lehringen,
in der 1948 eine Lanze im Skelett eines Waldelefanten entdeckt wurde.
Links der Lehrer und ehrenamtliche Kreisarchivpfleger
Otto Voigt (1910–2001) aus Verden/Aller.
Foto: Privatarchiv Stephan Deibel, Cambridge NY, USA*

*Grabstein von Alexander Rosenbrock (1880–1955),
Rektor der Mittelschule,
ehrenamtlicher Museumsdirektor in Verden an der Aller,
Ausgräber des Waldelefanten und der Lanze von Lehringen,
sowie seiner Ehefrau Paula (1902–1991), geborene Lewerenz.
Copyright: Grabsteinprojekt der Verdener Familienforscher e. V.,
Foto: Olaf Schmidt*

Rudolf Emil Deibel (1924–2012),
Kinderarzt, Virologe und Ehemann von Waltraut Deibel-Rosenbrock,
die an den Ausgrabungen des Waldelefanten und der Lanze
von Lehringen beteiligt war.
Waltraut hatte Rudolf Mitte der 1950er Jahre
in Freiburg kennengelernt und 1957 geheiratet.
Foto: Privatarchiv Stephan Deibel, Cambridge NY, USA

Kontakt aufnehmen. Christiane (Nina) Deibel und Stephan Deibel erzählten viele interessante und kuriose Einzelheiten über den Jahrhundertfund bei Lehringen. Ihre Mutter Waltraut Deibel-Rosenbrock berichtete 2018, es sei viel Arbeit gewesen, den Mergel vier bis fünf Fuß (etwa 1,20 bis 1,50 Meter) tief zu entfernen, um zum Grund zu gelangen. Dies habe sie aber stark gemacht und vielleicht deswegen ein so hohes Alter erreicht. 2018 war sie 90 Jahre alt. Ein Stoßzahn des Waldelefanten sei nach der Auffindung in schätzungsweise tausend kleine Fragmente zerfallen. Die meisten Zähne des Rüsseltieres seien gestohlen worden. Nach Ansicht von Frau Deibel-Rosenbrock war der Lehrer Voigt aus Verden nicht der Entdecker der Lanze, die bei der Auffindung noch intakt – also nicht gebrochen – gewesen sei. Der an den Ausgrabungen beteiligte junge Mann (damit ist Rudolf Biere gemeint) sei immer wieder gekommen und habe fleißig geholfen. Museumsdirektor Jacob-Friesen aus Hannover machte bei seinem Besuch in Verden und Lehringen keine gute Figur. Als er das Haus von Alexander Rosenbrock in Verden aufsuchte, bemerkte die Hausherrin Paula Rosenbrock, dass an der Garderobe des Direktors ein Knopf fehlte. In der Mergelgrube bei Lehringen stieß der Schafbock des Besitzers den Hannoveraner Besucher gegen den Hintern. Jacob-Friesen hatte eine bestimmte Handbewegung gemacht, mit welcher sonst der Halter des Schafbocks das Tier aufmunterte, gegen seine Hand zu stoßen, und sich dann umgedreht. Im Dezember 2018 wollte Waltraut Deibel-Rosenbrock einige Irrtümer im Artikel des Online-Lexikons „Wikipedia" über die Lanze von Lehringen korrigieren, unterließ es dann aber.
Über die im Kalkmergel von Lehringen nachgewiesenen Säugetierarten informierte 1969 der damals in Hannover arbeitende

Paläontologe und Geologe Otto Sickenberg (1901–1974) im „Geologischen Jahrbuch". Die Tierknochen stammten von Braunbär, Auerochse, Wolf, Biber, Reh, Riesenhirsch, Damhirsch, Rothirsch, Waldelefant, Waldnashorn und Wildpferd. Die meisten Knochen lagen in der gleichen Schicht wie die Skelettreste des 1948 entdeckten Waldelefanten.

2003 beschrieb die Bonner Geologin Carmen Houben in „Eiszeitalter und Gegenwart" die durch Funde belegte Wirbeltierfauna aus der Eem-Warmzeit von Lehringen. Houben ist die Erste, die neben Säugetieren auch Fische, Reptilien und Vögel von dieser Fundstelle untersuchte. Sie erwähnte fossile Reste von zehn mindestens 1,10 Meter langen Hechten und mindestens vier bis zu zwei Meter langen Welsen aus dem eemzeitlichen See bei Lehringen. Heutige männliche Hechte sind nicht länger als einen Meter und weibliche erreichen nicht mehr als 1,50 Meter. Von Sumpfschildkröten liegen Reste von mindestens zwölf Exemplaren vor. Darunter befindet sich ein vollständig erhaltener Rückenpanzer.

Das Vorkommen von Welsen und Sumpfschildkröten deutet auf ein warmes Klima hin. Bei Welsen setzt nämlich der Laichvorgang erst bei einer Wassertemperatur von etwa 18 bis 20 Grad Celsius ein. Auch die enorme Größe der Welse spricht für optimale ökologische und klimatische Bedingungen. Eier von Sumpfschildkröten benötigen über einen längeren Zeitraum mindestens 24 Grad Celsius zur Entwicklung.

Von der Vogelwelt aus der Eem-Warmzeit in Lehringen sind Graureiher und Kormorane nachgewiesen, die im Lehringer See wohl Fische jagten. Umfangreicher ist die Liste der aus Lehringen bekannten Säugetiere. Sie nennt Biber, Wolf, Braunbär, Wildkatze, Waldelefant, Wildpferd, Wildesel, Steppennashorn, Riesenhirsch, Rothirsche, Reh und Auerochse. Vom Wolf, Braunbären und der Wildkatze hat man jeweils nur einen

Lebensbild des ausgestorbenen Riesenhirsches (Megalocerus giganteus). Diese Tiere erreichten eine Schulterhöhe von etwa 2 Metern und trugen ein Geweih mit einer Spannweite bis zu 3,60 Metern. Bild: Pahel.Riha.CB / CC BY-SA 3.0 (via Wikimedia Commons), lizensiert unter Creative-Commons-Lizenz by-sa-3.0, https://creativecommons.org/licenses/by-sa/3.0/legalcode

einzigen Knochen gefunden. Obwohl es sich um eine warmzeitliche Tierwelt handelt, sind auch Steppennashorn und Riesenhirsch vertreten. Vom Steppennashorn und vom Riesenhirsch liegen nur ein einziger Zahn bzw. wenige Knochen vor. Die in Lehringen geborgenen Zähne und Knochen vom Auerochsen stammen von drei Tieren.
2014 veröffentlichte der Archäobotaniker Werner H. Schoch in den „Nachrichten aus Niedersachsens Urgeschichte" die Ergebnisse seiner holzanatomischen Nachuntersuchungen an der Holzlanze von Lehringen. Am 7. Februar 2014 konnte er im Historischen Museum Verden den Zustand der Holzlanze begutachten, von der zu diesem Zeitpunkt bereits 13 Fragmente vorhanden waren. Fragment Nr. 9 lag nicht mehr in einem Stück, sondern in drei Teilen vor. 1985 waren es noch elf Fragmente und 1948 bei der Entdeckung sechs oder sieben Teile gewesen. Bearbeitungsspuren könnte man nur erkennen, wenn das zur Versiegelung der Holzoberfläche verwendete Wachs entfernt würde. Mit Sicherheit konnte die Holzart der Lanze als Eibe *(Taxus baccata)* festgestellt werden. Eibenholz ist hart, schwer und durch eingelagerte Gerbstoffe im Kernholz besonders dauerhaft. Für Lanzen und Speere sowie Bogenwaffen ist Eibenholz wegen seiner hohen Biegefestigkeit und Elastizität besonders geeignet. Die Eibe verträgt Schatten, braucht aber für eine optimale Entwicklung Niederschläge um 1.000 Millimeter pro Jahr und ein mildes Klima. An der Spitze der Lanze von Lehringen tritt das Mark seitlich aus. Demnach ist die Spitzenpartie absichtlich asymmetrisch gestaltet worden, damit der entscheidende Teil nicht im weichen Markbereich liegt, sondern eine harte und dauerhafte Spitze im festen Holz entstand. Die Frage einer möglichen Feuerhärtung der Lanzenspitze könnte nicht ohne Entfernen der Wachsschicht beantwortet werden.

Foto auf Seite 99:

*Ein spektakuläres Kunstprojekt plant
der international erfolgreiche Künstler Frank B. Ehemann
aus Neddenaverbergen:
Die fotorealistische Darstellung
eines Waldelefanten und eines Jägers
aus der Altsteinzeit vor etwa 125.000 Jahren
soll eine Hausfassade an der Dorfstraße seines Wohnortes zieren.*

*Bei der nebenstehenden Visualisierung dieser Szene
handelt es sich lediglich um ein unverbindliches Layout,
damit Sponsoren und Auftraggeber
vorab eine vage Vorstellung bekommen,
was sie nach ungefähr achtmonatiger Arbeitszeit des Künstlers
zu erwarten haben.
Dieses Layout entspricht weder in seiner Qualität
noch in der Dynamik bei weitem nicht dem Endergebnis.*

Der Prähistoriker und Ausgräber Hartmut Thieme (links) vor dem „Speer VI" von Schöningen in Fundlage. Foto: Peter Pfarr, Niedersächsisches Landesamt für Denkmalpflege / CC BY-SA 3.0 DE (via Wikimedia Commons), lizensiert unter Creative-Commons-Lizenz by-sa-3.0-de, https://creativecommons.org/licenses/by-sa/3.0/de/legalcode

Im April 2021 wurde ein Flyer des Ortsvorstehers Uwe Panten in die Briefkästen von Neddenaverbergen, zu dem Lehringen gehört, geworfen. Aus dem Flyer erfuhren die Einwohner erstmals von Überlegungen einer Arbeitsgruppe, welche die Entdeckung des Waldelefanten und der Lanze von 1948 mehr in den Mittelpunkt der Öffentlichkeit rücken will. Um dies zu erreichen, soll die 3-D-Darstellung eines Waldelefanten und eines urzeitlichen Jägers eine Hausfassade an der Dorfstraße zieren. Das dafür vorgesehene Gebäude diente früher als Bahnhofskneipe und wird heute als Wohnhaus genutzt. Das spektakuläre Kunstprojekt soll der international erfolgreiche Künstler Frank B. Ehemann aus Neddenaverbergen realisieren. „kreiszeitung.de" schilderte, wie diese Visualisierung aussehen könnte: „Das mächtige Tier läuft direkt auf den Betrachter zu, durchbricht die Hauswand, Betonbrocken fliegen durch die Luft. Man meint, das Wackeln des Bodens unter dem Gewicht des Urzeitwesens beinahe spüren zu können." Der Künstler bezeichnet seine Vorgehensweise als „Malerei mit Licht". Der Platz mit Bänken und Informationstafeln vor der Hausfassade soll „Alexander-Rosenbrock-Platz" heißen. Eine Realisierung des Projektes am ehemaligen Fundort wurde verworfen, weil dieser heute ein etwas versteckt liegender tiefer See ist.

Die Speere von Schöningen
Viel älter als die etwa 125.000 Jahre alte Lanze von Lehringen sind acht Wurfspeere, die zwischen 1994 und 1998 bei Ausgrabungen im Braunkohlen-Tagebau Schöningen (Kreis Helmstedt) in Niedersachsen unter Leitung des Prähistorikers Hartmut Thieme gefunden wurden. Diese Waffen sollen zwischen 337.000 und 300.000 Jahren alt sein. Das ergab 2015 eine Thermolumineszenz-Datierung durch Daniel Richter (Leipzig) und Matthias Krbetschek (Freiberg). Ein Alter zwischen 337.000

*Heidelberg-Menschen vor etwa 600.000 Jahren
auf der Jagd.
Gemälde von Fritz Wendler (1941–1995)
für das Buch „Deutschland in der Steinzeit" (1991)
von Ernst Probst*

und 300.000 Jahren fiele in das Jungacheuléen vor etwa 350.000 bis 150.000 Jahren.
Zunächst hieß es, jene Speere seien 400.000 Jahre alt, was dem Altacheuléen vor ca. 600.000 bis 350.000 Jahren entsprochen hätte. Später ergab eine andere Datierung ein Alter von etwa 270.000 Jahren. Die Schöninger Speere gelten als die ältesten vollständig erhaltenen Jagdwaffen der Welt. Sie werden im Museum „paläon" nahe des Fundortes in Schöningen aufbewahrt. Der Ausgräber Hartmut Thieme hält die Fundstelle Schöningen für ein Lager von Wildpferdjägern. Dort sei nach der Jagd die Beute mit Steinwerkzeugen zerlegt und aufbereitet worden. Dichtes Schilf am Seeufer hätte den Wildpferdjägern Deckung gegeben. Eingekeilt zwischen Jägern und See seien Wildpferde mit gezielten Speerwürfen erlegt worden. Weil sich unter den Pferdeknochen auch solche von Jungtieren befanden, vermutet Thieme eine Jagd im Herbst. Die zwischen den Resten der Jagdbeute zurückgelassenen Speere deutet Thieme als Hinweise auf eine rituelle Handlung. Die Jagdwaffen in Schöningen werden Heidelberg-Menschen *(Homo heidelbergenis)* zugerechnet. Diese nach einem 1907 in Mauer bei Heidelberg entdeckten Unterkiefer bezeichnete Art existierte vor etwa 600.000 bis 200.000 Jahren. Manche Wissenschaftler sprechen statt von *Homo heidelbergensis* von *Homo erectus* (aufrechter Mensch).

Die Lanzenspitze von Clacton-on-Sea
Als das älteste bekannte Holzgerät wird im „Archaeological Journal" von 2015 die 1911 in Clacton-on-Sea in Südengland entdeckte mehr als 400.000 Jahre alte Spitze einer Lanze aus Eibenholz bezeichnet. Entdecker war der Amateur-Prähistoriker Samuel Hazzledine Warren (1872–1958), der in einer bekannten altsteinzeitlichen Fundschicht einfache Steinwerkzeuge suchte. Bei der Bergung war das Artefakt noch gerade

*Mehr als 400.000 Jahre alte Lanzenspitze (Clacton Spear)
von Clacton-on-Sea in Südengland
im Natural History Museum, London.
Heutige Länge 36,7 Zentimeter.
Foto: Geni / CC BY-SA 4.0 (via Wikimedia Commons),
lizensiert unter Creative-Commons-Lizenz by-sa-4.0,
https://creativecommons.org/licenses/by-sa/4.0/legalcode*

sowie 38,7 Zentimeter lang und hatte einen Durchmesser von 3,9 Zentimeter. Doch beim Trocknen und während der ersten Jahrzehnte der Lagerung schrumpfte der Fund auf 36,7 Zentimeter Länge und 3,7 Zentimeter Dicke. Außerdem verzog sich die Spitze zu einer Kurve. Erst eine Wachsimprägnierung stabilisierte die Spitze. Zu einem unbekannten Zeitpunkt brachen die letzten 3,2 Zentimeter der Spitze ab, wurden aber wieder angebracht.

Der Entdecker vermutete zunächst, es handle sich um ein Geweih. Später präsentierte er aber der Geological Society of London den Fund als Speerspitze. Diese Deutung wurde eine Zeitlang akzeptiert. Dann aber bezweifelten immer mehr Gelehrte, dass Frühmenschen eine solche Waffe herstellen und bei der Jagd einsetzen hätten können. Stattdessen hielten sie die Lanzenspitze für ein einfaches Werkzeug, beispielsweise einen Stock zum Graben. Doch weitere Entdeckungen bewiesen, dass es sich doch um eine Lanzenspitze handelte. Versuche, eine solche Waffe herzustellen, deuten darauf hin, dass sie durch Schaben mit einem gebogenen Feuersteinwerkzeug des Typs, den man in Clacton-on-Sea geborgen hat, geschaffen wurde. Der Originalfund der Lanzenspitze ist im Natural History Museum in London ausgestellt.

Die Lanzenspitzen von Torralba und Ambrona

Aus der Altsteinzeit vor etwa 400.000 Jahren stammen hölzerne Lanzenspitzen von den Hügeln Torralba und Ambrona, etwa 150 Kilometer nordöstlich von Madrid in der Sierra de Guadarrama. Auf diesen sich gegenüberliegenden Hügeln befanden sich Jagdplätze von Frühmenschen. 1888 kamen dort Knochen und ein Stoßzahn einer ausgestorbenen Elefantenart zum Vorschein. 1907 barg der Marques de Cerralba fossile

*Nachbau einer Hütte von Terra Amata in Quinson (Südfrankreich).
Foto: Véronique Pagnier / CC BY-SA 3.0
(via Wikimedia Commons),
lizensiert unter Creative-Commons-Lizenz by-sa-3.0,
https://creativecommons.org/licenses/by-sa/3.0/legalcode*

Knochen von schätzungsweise 25 Europäischen Waldelefanten. 1961 grub der amerikanische Paläoanthropologe Francis Clark Howell (1925–2007) den Hügel Torralba ganz und Ambrona teilweise aus. Die dabei entdeckten Knochen stammen von etwa 50 Elefanten, Hirschen, Nashörnern, Wildpferden und anderen Tieren. Außer Steinwerkzeugen, Geröllgeräten, Faustkeilen, Spaltkeilen und Abschlaggeräten barg man Bruchstücke zahlreicher zugespitzter Holzstäbe, die teilweise Einschnitte, Hackmarken, Glanzspuren und feuergehärtete Spitzen aufweisen. Jene Holzstäbe gelten als Teile von Stoß- oder Wurfwaffen. Auf den beiden Hügeln hatte sich eine Gruppe von Frühmenschen mindestens zehnmal aufgehalten und Wildtieren bei ihren jährlichen Wanderungen aufgelauert. Der Ausgräber vertrat die nicht durch Funde belegte Hypothese, bei Treibjagden seien vor allem Waldelefanten zur Strecke gebracht worden, die man durch Grasbrände in das sumpfige Gelände eines nahen Flusses getrieben habe. Dort seien die Rüsseltiere stecken geblieben und hätten leicht getötet werden können.

Auffällig sind das fast vollständige Fehlen von Schädeln der Elefanten sowie der Fund der rechten Hälfte eines Rüsseltieres, das mit der Fellseite nach oben lag, während die linke Hälfte fehlte. Rätsel geben auch der Fund eines Stoßzahns und von fünf Beinknochen auf, die eine gerade Linie bilden, während andere Teile im rechten Winkel dazu liegen. Spekulationen zufolge zeugen diese Funde von einem Jagdzauber oder rituellen Handlungen. Anders als am Fundort Terra Amata in Nizza (Südfrankreich) hat man auf den Hügeln Torralba und Ambrona keine Skelettreste von Frühmenschen *(Homo heidelbergenis)* und Spuren einer Behausung nachweisen können. Unweit von Torralba und Ambrona kann man das sehenswerte Yacimiento-Museo Arqueológico de Ambrona besuchen.

Zwei Holzlanzen von Bilzingsleben

Umstritten ist der wahre Charakter der Hölzer von Bilzingsleben im Wippertal in Thüringen, die 1998 von Dietrich Mania und Ursula Mania als Teile von zwei Holzlanzen gedeutet wurden. Der Fundplatz Bilzingsleben erlaubt faszinierende Einblicke in das Leben der Jäger und Sammler vor etwa 400.000 Jahren. Dort stieß der Prähistoriker, Geologe und Paläontologe Dietrich Mania bei Grabungen ab 1971 auf die bisher bedeutendsten Siedlungsspuren aus dem Altacheuléen (etwa 600.000 bis 350.000 Jahre vor heute) in Deutschland. Ovale und kreisförmige Grundrisse mit drei bis vier Meter Durchmesser aus angehäuften großen Knochen und Steinen belegen Hütten. Holzkohle, brandrissige Gerölle und Steinplatten stammen von Feuerstellen, die teilweise vor den Behausungen lagen. Es sind die ältesten Feuerspuren in Deutschland. Zum Fundgut gehören Schädelreste und Zähne von mindestens drei Frühmenschen *(Homo erectus)*. Auf einem Ritualplatz hat man offenbar die Schädel verstorbener Angehöriger zertrümmert und deren Gehirn bei einem rituellen Mahl verzehrt. Schnitt- und Ritzspuren auf einem Hinterhauptsbein von Bilzingsleben könnten von Manipulationen nach dem Tod herrühren. Umstritten sind Ritzlinien auf Tierknochen.

Stücke einer Holzlanze von Bad Cannstatt

Als mögliche Holzlanze deutete 1995 der Tübinger Prähistoriker Eberhard Wagner (1930–1999) drei Stücke aus Ahornholz in Stabform mit verjüngter Spitze, die er in der Hauptfundschicht des Steinbruches Haas in Bad Cannstatt (Baden-Württemberg) barg. Die erhaltenen Stücke der mutmaßlichen Jagdwaffe waren kaum als Lanze erkennbar. Wegen ihres schlechten Erhaltungszustandes hat man sie nicht konserviert.

Zu den Entdeckungen von Bad Cannstatt gehören auch Pfostenlöcher und ein bearbeitetes Bruchstück aus dem Langknochen eines Elefanten.

Bad Cannstatt ist eine von drei ungefähr 300.000 Jahre alten Fundstellen aus der Altsteinzeit, an denen Eberhard Wagner Rettungsgrabungen vornahm. 1980–1982 sowie 1987 grub er im Steinbruch Haas, 1980–1982 sowie in weiteren Kampagnen bis 1994 im Steinbruch Lauster, 1986–1988 sowie 1990 an der Fundstelle Bunker. 1995 berichtete er über seine Erkenntnisse in dem Werk „Großwildjäger im Travertingebiet". Travertin ist ein mehr oder weniger poröser Kalkstein von meist gelblicher und brauner oder seltener beiger oder roter Farbe, der aus kalten, warmen oder heißen Süßwasserquellen als Quellkalk chemisch ausgefällt wurde.

Bei den Funden aus der Hauptfundschicht im Steinbruch Haas und von der Fundstelle Bunker handelte es sich nach Ansicht von Wagner um Relikte steinzeitlicher Lagerplätze. Im Steinbruch Lauster dagegen wurden vor allem junge erwachsene Elefantenbullen erlegt. Dort konnte Wagner ein nahezu vollständig erhaltenes Elefantenskelett ausgraben sowie weitere Elefantenreste und Hirschgeweihe bergen. Die Hauptfundschicht im Steinbruch Lauster stammt aus einer in einer Schlammtümpellandschaft befindlichen sogenannten „killing site".

Ähnlich alt wie die Lehringer Funde aus der Eem-Warmzeit vor etwa 125.000 Jahren sind vielleicht die Hinterlassenschaften vom Schlachtplatz eines Europäischen Waldelefanten bei Gröbern (Kreis Anhalt-Bitterfeld) in Sachsen-Anhalt. Jene Reste wurden am 8. Juni 1987 von Baggerfahrern im Braunkohlentagebau Gröbern entdeckt. Gröbern ist ein Ortsteil der Gemeinde Muldestausee. Ein Teil der dort geborgenen Feuer-

*Mutmaßlicher Schlachtplatz eines Waldelefanten
aus der Eem-Warmzeit von Gröbern (Kreis Anhalt-Bitterfeld)
in Sachsen-Anhalt.
Originale im Landesmuseum für Vorgeschichte Halle/Saale.
Foto: Landesmuseum für Vorgeschichte Halle/Saale*

steinwerkzeuge weist Abnutzungsspuren auf, die wohl beim Zerlegen des Tierkadavers entstanden sind. Sie stammen von etwa einem halben Dutzend verschiedener Rohstücke und womöglich ebenso vielen Jägern.

Für die Werkzeugfunde aus der Balver Höhle (Balve I), von der Nollheide bei Borgholzhausen im Kreis Gütersloh, aus dem Rhein-Herne-Kanal in Bottrop und Herne und von anderen Fundorten hat der Prähistoriker Klaus Günther den Begriff Spätacheuléen eingeführt. Typisch waren vor allem herzförmige Faustkeile in Levallois-Technik und beidflächig bearbeitete Schaber.

Außer Gestein verwendete man im Spätacheuléen auch andere Rohstoffe zur Werkzeugherstellung. So kennt man aus dem Rhein-Herne-Kanal von Bottrop eine Speiche vom Fellnashorn mit Schlagkerben, einen Knochen mit abgeschrägtem Ende und vier abgeschnittene Rentiergeweihstangen. Auf dem Vulkan Tönchesberg bei Kruft (Kreis Mayen-Koblenz) in Rheinland-Pfalz fand man etwa hundert Abwurfstangen vom Rothirsch, von denen offenbar viele als Hacken benutzt wurden. Die wichtigste Waffe dürfte im Spätacheuléen die aus einem mehrere Zentimeter dicken Baumstämmchen angefertigte Lanze gewesen sein. Damit ging man – wie der erwähnte Lehringer Fund demonstriert – sogar auf Großwildjagd. Auch bei Angriffen von Raubtieren – wie beispielsweise Löwen, Leoparden oder Bären – waren solche Lanzen wohl die wirksamste Verteidigungswaffe.

Eine Nachbildung der Jagdlanze aus Lehringen zeigte, dass eine derartige Waffe mit Hilfe von Steinwerkzeugen innerhalb von etwa fünf Stunden hergestellt werden kann. Das stellte 1990 der Hannoveraner Prähistoriker Stephan Veil fest. Vielleicht schafften es die Neandertaler wegen ihrer größeren Körperkraft und mehr Übung in noch kürzerer Zeit. Ungeachtet

*Herzförmiger Faustkeil aus dem Spätacheuléen
von Haltern (Kreis Recklinghausen) in Nordrhein-Westfalen.
Länge 8,5 Zentimeter.
Original im Westfälischen Museum für Archäologie, Münster.
Foto: Westfälisches Museum für Archäologie, Münster*

dessen darf man die Holzlanze als das Gerät mit der längsten Herstellungsdauer betrachten, das aus der Zeit der Neandertaler und davor bekannt ist. Für das Zurechtschlagen eines Faustkeils benötigte man nicht mehr als 15 Minuten.

Ein Beleg für Gewalt liegt aus der Zeit der Neandertaler vor etwa 150.000 Jahren vor. Auf der rechten Stirnseite eines in einer Höhle des Löwenkopfberges bei Maba in China entdeckten Männerschädels ist eine verheilte Wunde erkennbar. Die Wucht des Schlages war so stark, dass die Innenseite des Schädels ausbeulte. Ein Sturz oder vom Felsdach der Höhle herabfallende Steinbrocken werden von Anthropologen ausgeschlossen, weil die Wunde am Schädel nur eine kleine Fläche einnimmt. Meist verheilte Verletzungen kennt man auch an Unterarmen, Rippen und am Schultergürtel von Neandertalern.

Über die religiösen Vorstellungen der Neandertaler im Spätacheuléen besitzen wir kaum Anhaltspunkte. Da man keine Gräber fand, machte man sich damals offenbar keine Gedanken über ein Leben nach dem Tode. Wie in vorhergehenden und nachfolgenden Stufen der Altsteinzeit wird wahrscheinlich auch im Spätacheuléen rituell motivierter Kannibalismus üblich gewesen sein. Mit kultischen Riten kann man vielleicht vier von Menschenhand bearbeitete Schädel von Riesenhirschen in Zusammenhang bringen, die bei Nachbaggerungen im Rhein-Herne-Kanal entdeckt wurden.

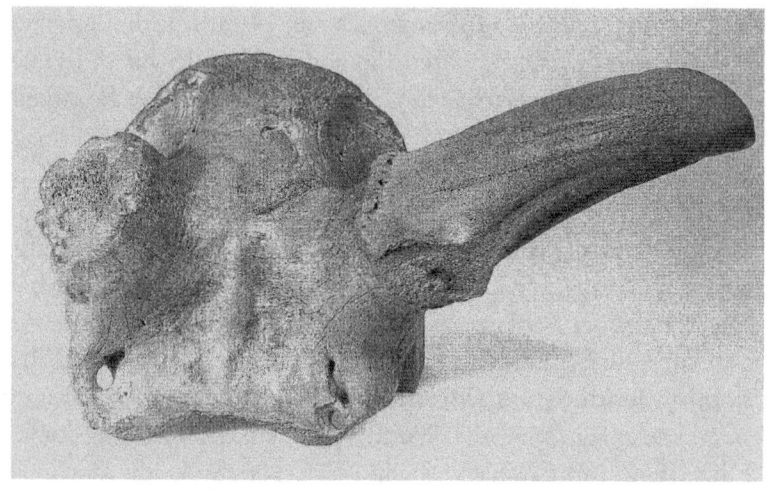

*Von Menschenhand bearbeiteter Riesenhirschschädel
aus dem Rhein-Herne-Kanal bei Bottrop in Nordrhein-Westfalen.
Breite 40,4 Zentimeter, Höhe 24,3 Zentimeter.
Original im Museum für Ur- und Frühgeschichte Bottrop.
Foto: Museum für Ur- und Frühgeschichte Bottrop*

Literatur

ADAM, Karl Dietrich: Der Waldelefant von Lehringen – eine Jagdbeute des diluvialen Menschen. In: Quartär 5, S. 79–92, Bonn 1951.
ALBANY TIMES UNION: Dr. Rudolf Emil Deibel, 5./6. August 2012. (Ehemann von Waltraut Deibel-Rosenbrock). https://www.legacy.com/us/obituaries/timesunion-albany/name/rudolf-deibel-obituary?pid=158974940
ANDREE, Julius: Die altsteinzeitlichen Funde aus der Balver Höhle. In: Festschrift des hundertjährigen Bestehens des Vereins für Geschichte und Altertumskunde Westfalens 1824–1924, Münster 1924.
ARCHÄOLOGISCHES LEXIKON: Stoßlanzen und Wurfspeere.
http://www.landschaftsmuseum.de/Seiten/Lexikon/Lanzen-Speere.htm
BÉRENGER, Daniel: Klaus Günther zum Gedenken. Ein Vierteljahrhundert Archäologie in Ostwestfalen. In: Archäologie in Ostwestfalen, Band 10, S. 90–95, Langenweißbach 2008.
BOSINSKI, Gerhard / KULEMEYER, Jorge / TURNER, Elaine: Ein mittelpaläolithischer Fundplatz auf dem Vulkan Hummerich bei Plaidt, Kreis Mayen-Koblenz. In: Archäologisches Korrespondenzblatt 13, S. 415–428, Mainz 1983.
BOSINSKI, Gerhard / KRÖGER, Karl /SCHÄFER, Joachim / TURNER, Elaine: Altsteinzeitliche Siedlungsplätze auf den Osteifel-Vulkanen. In: Jahrbuch des RGZM Mainz, S. 97–130, Mainz 1986.

CONDEMI, Silvana / SAVATIER, François: Der Neandertaler, unser Bruder, München 2020.
DEIBEL-ROSENBROCK, Waltraut: Die Funde von Lehringen (Nach Aufzeichnungen ihres Vaters A. Rosenbrock). In: Stader Jahrbuch N. F. 50, S. 16–45, Stade 1960.
DER SPIEGEL: Die Lanze von Lehringen, 8. Februar 1955.
https://www.spiegel.de/politik/die-lanze-von-lehringen-a-8eac5925-0002-0001-0000-000031969194?content
EMIGHOLZ, Björn: Rosenbrock, Alexander. In: WIEDEN, Brage Bei der / LOKERS, Jan (Herausgeber): Lebensläufe zwischen Elbe und Weser: ein biographisches Lexikon. Schriftenreihe des Landschaftsverbandes der Ehemaligen Herzogtümer Bremen und Verden, Band 1, S. 280–282, Stade 2002.
EMIGHOLZ, Björn: Kleine Geschichten zur Geschichte: Auf den Spuren des Waldelefanten. Rogno jagt den grauen Riesen. In: kreiszeitung.de, Syke, 12. Februar 2021.
https://www.kreiszeitung.de/lokales/verden/verden-ort47274/rogno-jagt-den-grauen-riesen-90202480.html
EMIGHOLZ, Björn: Kleine Geschichten (3): Steckt in uns Menschen ein bisschen Neandertaler? Lehringer Lanze: Eine weltweite Sensation. In: kreiszeitung.de, Syke, 28. Februar 2021.
https://www.kreiszeitung.de/lokales/verden/verden-ort47274/lehringer-lanze-eine-weltweite-sensation-90222146.html
FOCUS-ONLINE: Mammutjäger. Listige Jäger. München, 19. Oktober 2013.
https://www.focus.de/wissen/bild-der-wissenschaft/tid-8971/mammutjaeger_aid_261955.html
FRIEDRICH, Ernst Andreas: Die Elefantenkuhle von

Lehringen. In: Wenn Steine reden könnten, Band I, Hannover 1989.

GÜNTHER, Klaus: Die altsteinzeitlichen Funde der Balver Höhle. In: Bodenaltertümer Westfalens, Münster 1964.

HANITZSCH, Helmut / TOEPFER, Volker: Lehringen. In: Herrmann, Joachim: Lexikon früher Kulturen, Band 1, A/L, S. 314, Leipzig 1984.

HEIDE, Birgit: Leben und Sterben in der Steinzeit. Mainz 2003.

HEINRICH, Arno: Geologie und Vorgeschichte Bottrops, Bottrop 1987.

HISTORISCHES MUSEUM DOMHERRENHAUS VERDEN.
https://www.domherrenhaus.de

HOUBEN, Carmen: Die Wirbeltierfauna aus dem letzten Interglazial von Lehringen (Niedersachsen, Deutschland). In: Eiszeitalter und Gegenwart 52, S. 25–39, Hannover 2003.

HUCKELL, Bruce B.: Of chipped stone tools, elephants and the Clovis Hunters: An experiment. In: Plains Anthropologist 24, S. 177–189, Lincoln 1970.

JACOB-FRIESEN, Karl Hermann: Großwildjäger des Eiszeitalters. In: Kosmos 45, S. 408–412, Stuttgart 1949.

JACOB-FRIESEN, Karl Hermann: Eiszeitliche Elefantenjagd in der Lüneburger Heide. In: Jahrbuch des Römisch-Germanischen Zentralmuseums 2, S. 1–22, Mainz 1956.

JACOB-FRIESEN, Karl Hermann: Einführung in Niedersachsens Urgeschichte, Band I: Steinzeit, Hildesheim 1959.

JUSTUS, Antja / UMMERSBACH, Karl-Heinz / UMMERSBACH, Andreas: Mittelpaläolithische Funde vom Vulkan „Wannen" bei Ochtendung, Kreis Mayen-Koblenz.

In: Archäologisches Korrespondenzblatt 17, S. 409–418, Mainz 1987.
KOENIGSWALD, Wighart von: Exoten in der Großsäuger-Fauna des letzten Interglazials von Mitteleuropa. In: Eiszeitalter und Gegenwart 41, S. 70–84, Hannover 1991.
KOENIGSWALD, Wighart von / LÖSCHER, Manfred: Jungpleistozäne *Hippopotamus*-Funde aus der Oberrheinebene und ihre biogeographische Bedeutung. In: Neues Jahrbuch für Geologie und Paläontologie. Abhandlungen 163(3), S. 331–348, Stuttgart 1982.
KRÄUSEL, Richard: Die Interglazialflora aus Lehringen. In: Palaeontographica 97, B, S. 47–73, Stuttgart 1955.
KREISZEITUNG.DE: Verdener Exponat bereichert dortige Neandertaler-Ausstellung. Lanze von Lehringen in Dänemark, Syke, 15. Dezember 2020.
https://www.kreiszeitung.de/lokales/verden/verden-ort47274/lanze-von-lehringen-in-daenemark-90132740.html
LANDSCHAFTSVERBAND WESTFALEN-LIPPE: Steinzeitforscher Klaus Günther gestorben.
https://www.lwl.org/pressemitteilungen/nr_mitteilung.php?urlID=16390
MANIA, Dietrich / MANIA, Ursula: Geräte aus Holz von der altpaläolithischen Fundstelle bei Bilzingsleben. In: Praehistoria Thuringica, Heft 2, Langenweißbach, August 1998.
MELLER, Harald (Herausgeber): Elefantenreich. Eine Fossilwelt in Europa. Landesmuseum für Vorgeschichte, Halle (Saale) 2010, (Begleitband zur Sonderausstellung, Halle (Saale), Landesmuseum für Vorgeschichte, 26. März – 3. Oktober 2010).
MELLER, Harald / SCHEFZIK, Michael: Alt/Mittelsteinzeit. In: Krieg. Eine archäologische Spurensuche. Begleithefte zu Sonderausstellungen im Landesmuseum für

Vorgeschichte, S. 88, Halle 2015.
MEYER, Wilfried: Zoologische Überlegungen zur
Elefantenjagd. In: THIEME, Hartmut / VEIL, Stephan:
Neue Untersuchungen zum eemzeitlichen Elefanten-Jagd-
platz Lehringen, Ldkr. Verden. In: Die Kunde 36, S. 52,
Hannover 1985.
PROBST, Ernst: Die Eem-Warmzeit. In: Deutschland in der
Urzeit. Von der Entstehung der Erde bis zum Ende der
Eiszeit, S. 311, München 1986.
PROBST, Ernst: Die Saale- und die Riß-Eiszeit. In:
Deutschland in der Urzeit. Von der Entstehung der Erde bis
zum Ende der Eiszeit, S. 309, München 1986.
PROBST, Ernst: Die Weichsel- und die Würm-Eiszeit. In:
Deutschland in der Urzeit. Von der Entstehung der Erde bis
zum Ende der Eiszeit, S. 312, München 1986.
PROBST, Ernst: Die große Zeit der Neanderthaler. Das
Moustérien vor etwa 125.000 bis 40.000 Jahren. In:
Deutschland in der Steinzeit. Jäger, Fischer und Bauern
zwischen Nordseeküste und Alpenraum, S. 69–74, München
1991.
PROBST, Ernst: Micoque-Keile und Keilmesser. Das
Micoquien vor etwa 125.000 bis 40.000 Jahren. In:
Deutschland in der Steinzeit. Jäger, Fischer und Bauern
zwischen Nordseeküste und Alpenraum, S. 62–64, München
1991.
PROBST, Ernst: Pioniere der Steinzeitforschung. In:
Deutschland in der Steinzeit. Jäger, Fischer und Bauern
zwischen Nordseeküste und Alpenraum, S. 511, München
1991.
PROBST, Ernst: Sieben Jahre Streit um eine Holzlanze. Das
Spätacheuléen vor etwa 150.000 bis 100.000 Jahren. In:

Deutschland in der Steinzeit. Jäger, Fischer und Bauern zwischen Nordseeküste und Alpenraum, S. 58–61, München 1991.

PROBST, Ernst: Rekorde der Urmenschen. Erfindungen, Kunst und Religion. München 2008.

PROBST, Ernst: Das Mammut. Mit Zeichnungen von Shuhei Tamura, München 2014.

PROBST, Ernst: Deutschland im Eiszeitalter: Klima, Landschaft, Pflanzen und Tiere vor 2,6 Millionen bis 11.700 Jahren, Hamburg 2014.

PROBST, Ernst: Das Jungacheuléen. Eine Kulturstufe der Altsteinzeit vor etwa 350.000 bis 150.000 Jahren, München 2019.

RACZKOWSKI, Reike: Spektakuläres Kunstwerk in Neddenaverbergen geplant. Urzeitwesen bricht durch die Fassade, kreiszeitung.de, Syke, 21. April 2021.
https://www.kreiszeitung.de/lokales/verden/kirchlinteln-ort60492/urzeitwesen-bricht-durch-die-fassade-90467998.html

REIFF, Winfried. Nachrufe. Karl Dietrich Adam. Geologe, Paläontologe, Urgeschichtsforscher und Hochschullehrer 1921–2012. In: Fundberichte aus Baden-Württemberg 22, S. 1009–1013, Stuttgart 2013.

REIN, Ulrich: Die Vegetationsentwicklung des Interglazials von Lehringen. 1 Diagramm. – Zeitschrift der Deutschen Geologischen Gesellschaft, Band 90, S. 145–147, Berlin 1938.

REINBOTH, Christian: Elefanten, Nashörner und Auerochsen mitten in Deutschland – fossile Schätze aus dem Geiseltal. In: Scienceblogs, 22. September 2010.
https://scienceblogs.de/frischer-wind/2010/09/22/

elefanten-nashorner-und-auerochsen-mitten-in-deutschland-fossile-schatze-aus-dem-geiseltal/
RICHTER, Daniel / KRBETSCHEK, Matthias: The age of the Lower Paleolithic occupation at Schöningen. In: Journal of Human Evolution, Volume 89, S. 46–56, Dezember 2015.
RÖTTJER, Harald: Lehringer Stoßlanze sorgt bis in die heutige Zeit für Diskussionen. Eine unendliche Geschichte, kreiszeitung.de, Syke, 11. Dezember 2015.
https://www.kreiszeitung.de/lokales/verden/kirchlinteln-ort60492/lehringer-stosslanze-sorgt-heutige-zeit-diskussionen-5951269.html
RÖTTJER, Harald: Wirtschaftsförderkreis stellt Informationsschilder am Fundort in Lehringen auf. Tafeln erinnern an den Tod eines Waldelefanten, kreiszeitung.de, Syke, 4. August 2016.
https://www.kreiszeitung.de/lokales/verden/kirchlinteln-ort60492/tafeln-erinnern-eines-waldelefanten-6635965.html
RÖTTJER, Harald: Ideen für Projekt gesucht: Ortsvorsteher Uwe Panten ruft zum Engagement auf. Waldelefant könnte Neddener noch näher zusammenbringen, kreiszeitung.de, Syke, 14. Dezember 2016.
https://www.kreiszeitung.de/lokales/verden/kirchlinteln-ort60492/waldelefant-koennte-neddener-noch-naeher-zusammenbringen-7110914.html
SCHOCH, Werner H.: Holzanatomische Nachuntersuchungen an der eemzeitlichen Holzlanze von Lehringen, Ldkr. Verden. In: Nachrichten aus Niedersachsens Urgeschichte 83, S. 19–24, Darmstadt 2014.
SCHRENK, Friedemann / MÜLLER, Stephanie: Die Neandertaler, München 2005.

SCHÜNEMANN, Detlef / EIBICH, Werner: Aus der Vor- und Frühgeschichte des Kreises Verden, Hildesheim 1974.
SELLE, Willi: Geologische und vegetationskundliche Untersuchungen an einigen wichtigen Vorkommen des letzten Interglazials in Nordwestdeutschland. In: Geologisches Jahrbuch 79, S. 295–352, Hannover 1962.
SICKENBERG, Otto: Die Säugetierfauna der Kalkmergel von Lehringen (Kr. Verden/Aller) im Rahmen der eemzeitlichen Faunen Nordwestdeutschlands. In: Geologisches Jahrbuch 87, S. 551–564, Hannover 1969.
STOLLER. Jakob: Spuren des diluvialen Menschen in der Lüneburger Heide. In: Jahrbuch der Königlich Preußischen Geologischen Landesanstalt für 1909, S. 30, Berlin 1909.
TEMPEL, Wolf-Dieter: Zur Geschichte der Ur- und Frühgeschichtsforschung im Landkreis Rotenburg. In: HESSE, Stefan (Herausgeber): Spurensicherung: 25 Jahre Kreisarchäologie Rotenburg (Wümme) 11, S. 3–18, Oldenburg 2004.
THIEME, Hartmut: Kirchlinteln: Neddenaverbergen (Lehringen) VER. Altsteinzeitlicher Elefanten-Jagdplatz. In: HÄSSLER, Hans-Jürgen: Ur- und Frühgeschichte in Niederschsen, S. 465–466, Stuttgart 1991.
THIEME, Hartmut: Die größte archäologische Ausgrabung in Niedersachsen. Bedeutende Entdeckungen zur Urgeschichte im Tagebau Schöningen. In: FANSA, Mamoun (Herausgeber): Archäologie I Land I Niedersachsen. 25 Jahre Denkmalschutzgesetz – 400000 Jahre Geschichte. Ausstellungskatalog (Archäologische Mitteilungen aus Nordwestdeutschland, Beiheft 42), S. 294–299, Stuttgart 2004.
THIEME, Hartmut / VEIL, Stephan: Neue Untersuchungen zum eemzeitlichen Elefanten-Jagdplatz

Lehringen, Ldkr. Verden. In: Die Kunde 36, S. 11–58, Hannover 1985.
TINNES, Johann: Ausgrabungen auf dem Tönchesberg bei Kruft, Kreis Mayen-Koblenz. In: Archäologisches Korrespondenzblatt 17, S. 419–428, Mainz 1987.
UTHMEIER, Thorsten: Triumph über die Natur? Zum Bild der Neandertaler als Elefantenjäger. In: Archäologische Informationen 29, Heidelberg, 1/2, Januar 2006.
VEIL, STEPHAN: Die Nachbildung einer Jagdlanze der Neandertaler aus Lehringen, Ldkr. Verden. In: Experimentelle Archäologie in Deutschland. Archäologische Mitteilungen aus Nordwestdeutschland/Beiheft, S. 284–286, Oldenburg 1990.
VERDENER FAMILIENFORSCHER E. V.: Biere, Adolf. https://www.verdener-familienforscher.de/verden/datensammlung/graeber/index.php?id=perslist&ia=Biere
VERDENER FAMILIENFORSCHER E. V.: Rosenbrock, Alexander. https://www.verdener-familienforscher.de/verden/datensammlung/graeber/index.php?id=perslist&ia=Rosenbrock
VOIGT, Otto: Nachwort (Nachruf auf A. Rosenbrock). In: Stader Jahrbuch N. F. 50, S. 35–48, Stade 1960.
WAGNER, Eberhard: Cannstatt I. Großwildjäger im Travertingebiet. In: Forschungen und Berichte zur Vor- und Frühgeschichte in Baden-Württemberg, Band 61, Stuttgart 1995.
WEBER, Thomas: Ein Waldelefantenfund der letzten Zwischeneiszeit aus dem Tagebau Gröbern bei Bitterfeld. In: MELLER, Harald (Herausgeber): Paläolithikum und Mesolithikum. Kataloge zur Dauerausstellung im Landesmuseum für Vorgeschichte Halle 1, S. 151–162, Halle (Saale) 2004.

WEIPER, Felix: Ein ganz besonderer Spieß. In: Weser-Kurier, Bremen, 23. August 2015.
https://www.weser-kurier.de/startseite_artikel,-Ein-ganz-besonderer-Spiess-_arid,1191980.html
WENZEL, Stefan: Leben im Wald – die Archäologie der letzten Warmzeit vor 125.000 Jahren. In: Mitteilungen der Gesellschaft für Urgeschichte 11, S. 35–63, Blaubeuren 2002.
WIKIPEDIA (Online-Lexikon): Domherrenhaus. Historisches Museum Verden
https://de.wikipedia.org/wiki/Domherrenhaus._Historisches_Museum_Verden
WIKIPEDIA (Online-Lexikon) Europäischer Waldelefant
https://de.wikipedia.org/wiki/Europ%C3%A4ischer_Waldelefant
WIKIPEDIA (Online-Lexikon) Hugh Falconer
https://en.wikipedia.org/wiki/Hugh_Falconer
WIKIPEDIA (Online-Lexikon): Lanze von Lehringen
https://de.wikipedia.org/wiki/Lanze_von_Lehringen
WIKIPEDIA (Online-Lexikon): Neandertaler
https://de.wikipedia.org/wiki/Neandertaler
WIKIPEDIA (Online-Lexikon) Paul Matschie
https://de.wikipedia.org/wiki/Paul_Matschie
WIKIPEDIA (Online-Lexikon): Schöninger Speere
https://de.wikipedia.org/wiki/Sch%C3%B6ninger_Speere
WIKIPEDIA (Online-Lexikon) Waldelefant
https://de.wikipedia.org/wiki/Waldelefant
WIKIPEDIA (Online-Lexikon): Wolfgang Dietrich Asmus
https://de.wikipedia.org/wiki/Wolfgang_Dietrich_Asmus
WILLMANN, Urs: Neandertaler. Gestoßen, nicht geschleudert. Wie nutzten Neandertaler ihre Speere? Sie gingen damit in den Nahkampf. In: Die Zeit, Hamburg, 27. Juni 2018.

https://www.zeit.de/2018/27/neandertaler-speere-historiker-nahkampf

ZACHARIAS, Anna: Wirtschaftsförderkreis des Domherrenhauses stellt Projekte auf Mitgliederversammlung vor. Schilder weisen auf den Speer von Lehringen. In: Weser-Kurier, Bremen, 20. Februar 2016.

https://www.weser-kurier.de/region/verdener-nachrichten_artikel,-Schilder-weisen-auf-den-Speer-von-Lehringen-_arid,1317595.html

ZERBIG; Daniela: Anthropologie. Neandertaler waren starke Handarbeiter. In: Spektrum der Wissenschaft, Heidelberg, 18. Juli 2012.

https://www.spektrum.de/news/neandertaler-waren-starke-handarbeiter/1157441

Autor Ernst Probst.
Foto: Klaus Benz, Fotograf, Mainz-Laubenheim

Der Autor

Ernst Probst, geboren am 20. Januar 1946 in Neunburg vorm Wald im bayerischen Regierungsbezirk Oberpfalz, ist Journalist und Wissenschaftsautor. Er arbeitete von 1968 bis 1971 bei den „Nürnberger Nachrichten", von 1971 bis 1973 in der Zentralredaktion des „Ring Nordbayerischer Tageszeitungen" in Bayreuth und von 1973 bis 2001 bei der „Allgemeinen Zeitung", Mainz. In seiner Freizeit schrieb er Artikel für die „Frankfurter Allgemeine Zeitung", „Süddeutsche Zeitung", „Die Welt", „Frankfurter Rundschau", „Neue Zürcher Zeitung", „Tages-Anzeiger", Zürich, „Salzburger Nachrichten", „Die Zeit", „Rheinischer Merkur", „Deutsches Allgemeines Sonntagsblatt", „bild der wissenschaft", „kosmos", „Deutsche Presse-Agentur" (dpa), „Associated Press" (AP) und den „Deutschen Forschungsdienst" (df). Aus seiner Feder stammen die Bücher „Deutschland in der Urzeit" (1986), „Deutschland in der Steinzeit" (1991), „Rekorde der Urzeit" (1992), „Dinosaurier in Deutschland" (1993 zusammen mit Raymund Windolf) und „Deutschland in der Bronzezeit" (1996). Von 2001 bis 2006 betätigte sich Ernst Probst als Buchverleger sowie zeitweise als internationaler Fossilienhändler und Antiquitätenhändler. Insgesamt veröffentlichte er mehr als 300 Bücher, Taschenbücher, Broschüren und über 300 E-Books.

Waldelefant könnte Neddener noch näher zusammenbringen

Ideen für Projekt gesucht: Ortsvorsteher Uwe Panten ruft zum Engagement auf

NEDDENAVERBERGEN • In Neddenaverbergen heißt es nach der umfangreichen Straßensanierung jetzt vorerst wieder: „Freie Fahrt". Das nimmt der Neddener Ortsvorsteher Uwe Panten zum Anlass, die Bürger aufzurufen, sich weiter für ihre Ortschaft einzusetzen: „Nur wenn alle mit viel Engagement mit anpacken und sich gemeinsam den Projekten widmen, bringen wir unser Dorf weiter voran", stellt er bei einem Pressegespräch fest. Als Einzelkämpfer könne kaum jemand alleine etwas aus eigener Kraft bewirken, das sei nur durch eine starke Gemeinschaft möglich.

Den Ortsvorsteher treibt schon länger die Frage um, wie Einwohner dazu beitragen könnten, durch Aktionen oder Ideen die dörfliche Gemeinschaft zu stärken. Er ist davon überzeugt, dass es dadurch vielleicht eher gelingen könnte, wirtschaftliche oder kommunalpolitische Entscheidungen zu beeinflussen. Damit würde der dörfliche Infrastruktur weiter erhalten oder sogar ausgebaut, damit „unser schönes Dorf" auch in der Zukunft lebenswert bleibe.

In Nedden gebe es, erinnert Ortsvorsteher Panten, natürlich auch Beispiele für negative Entwicklungen, wie den vergeblichen Einsatz für den Erhalt der Filiale der Kreissparkasse. Doch habe man auch positive Erfahrungen gemacht, wie etwa bei der Dorferneuerung vor etwa 30 Jahren oder aktuell bei der Möglichkeit, die umfangreiche Sanierung der Dorfstraße mit eigenen Vorschlägen zu begleiten, die dann auch mit in die Planung einflossen und umgesetzt wurden.

Panten erwähnte eine weitere Idee, die er auf einer Bürgerversammlung im November auch bereits öffentlich ge-

Mit dem Modell des Waldelefanten war der Verband deutscher Soldaten Neddenaverbergen beim Domweihumzug erfolgreich und nahm am Ernteumzug teil. • Foto: Röttjer

macht hat: „Es geht darum, sich jetzt gemeinsam einem Projekt zu widmen, um damit der Bevölkerung noch mehr zu einer engen Gemeinschaft zusammenzuschweißen". Er nannte ein spezielles Artefakt, das die Ortschaft Nedden sowie den Ortsteil Lehringen unverwechselbar gemacht und vor allem in der prähistorischen Forschung zu weltweitem Ruhm verholfen habe. „Ein Rohdiamant ist der Waldelefant, dessen Skelett 1948 beim Abbau von Mergel entdeckt wurde". Er sei für Anregungen und Ideen offen, wie dieses „einzigartige Alleinstellungsmerkmal" noch mehr in den Fokus der Bevölkerung gerückt werden könne. Er freue sich aber auch über alternative Vorschläge.

Panten würdigte noch die rege Beteiligung an der Gedenkfeier zum Volkstrauertag, vor allem auch von Jugendlichen. Bedingt durch die Verlegung in die Zeit der Dämmerung habe ein feierliches Ambiente mit Fackelträgern die Feierstunde geprägt. Einige Tage später habe es auch beim Laubharken auf dem Schulhof mehr Helfer als in den Vorjahren gegeben. Außerdem bat Panten um Mithilfe bei der Betreuung einer syrischen Flüchtlingsfamilie, vor allem bei der Bewältigung des Integrationskurses mit dem Erlernen der deutschen Sprache.

Ein Dank galt den Bürgern für das Verständnis bei den Einschränkungen bei den Sanierungsarbeiten der Dorfstraße, die nach einer kurzen Unterbrechung möglichst früh im kommenden Jahr im vierten Bauabschnitt im Kreuzungsbereich Trahe, Dorfstraße und Michaelisstraße, fortgesetzt würden. In Teilbereichen sei schon der Fußweg fertig gestellt. • rö

Der Waldelefant und die Lanze von Lehringen
sind immer wieder ein Thema
für die Lokalzeitungen in der Gegend von Verden an der Aller,
wie kreiszeitung.de.
Foto: Harald Röttjer, Kirchlinteln

Bücher von Ernst Probst

(Auswahl)

Als Mainz im Meer lag
Als Mainz noch nicht am Rhein lag
Das Mammut. Mit Zeichnungen von Shuhei Tamura
Der Europäische Jaguar
Der Mosbacher Löwe. Die riesige Raubkatze aus Wiesbaden
Der Rhein-Elefant. Das Schreckenstier von Eppelsheim
Der Ur-Rhein. Rheinhessen vor zehn Millionen Jahren
Deutschland im Eiszeitalter
Deutschland in der Frühbronzezeit
Deutschland in der Mittelbronzezeit
Deutschland in der Spätbronzezeit
Die Aunjetitzer Kultur in Deutschland
Die Straubinger Kultur in Deutschland
Die Singener Gruppe
Die Arbon-Kultur in Deutschland
Die Ries-Gruppe und die Neckar-Gruppe
Die Adlerberg-Kultur
Der Sögel-Wohlde-Kreis
Die nordische Bronzezeit in Deutschland
Die Hügelgräber-Kultur in Deutschland
Die ältere Bronzezeit in Nordrhein-Westfalen
Die Bronzezeit in der Lüneburger Heide
Die Stader Gruppe
Die Oldenburg-emsländische Gruppe
Die Urnenfelder-Kultur in Deutschland
Die ältere Niederrheinische Grabhügel-Kultur

Die Unstrut-Gruppe
Die Helmsdorfer Gruppe
Die Saalemündungs-Gruppe
Die Lausitzer Kultur in Deutschland
Die Dolchzahnkatze Megantereon
Die Dolchzahnkatze Smilodon
Die Säbelzahnkatze Homotherium
Die Säbelzahnkatze Machairodus
Die Schweiz in der Frühbronzezeit
Die Rhône-Kultur in der Westschweiz
Die Arbon-Kultur in der Schweiz
Die Schweiz in der Mittelbronzezeit
Die Schweiz in der Spätbronzezeit
Dinosaurier von A bis K. Von Abelisaurus bis zu Kritosaurus
Dinosaurier von L bis Z. Von Labocania bis zu Zupaysaurus
Der rätselhafte Spinosaurus. Leben und Werk des Forschers Ernst Stromer von Reichenbach
Eiszeitliche Geparde in Deutschland
Eiszeitliche Leoparden in Deutschland
Höhlenlöwen. Raubkatzen im Eiszeitalter
Hermann von Meyer. Der große Naturforscher aus Frankfurt am Main
Johann Jakob Kaup. Der große Naturforscher aus Darmstadt
Krallentiere am Ur-Rhein
Neues vom Ur-Rhein. Interview mit dem Geologen und Paläontologen Dr. Jens Sommer
Österreich in der Frühbronzezeit
Österreich in der Mittelbronzezeit
Österreich in der Spätbronzezeit
Raub-Dinosaurier von A bis Z. Mit Zeichnungen von Dmitry Bogdanav und Nobu Tamura

Rekorde der Urmenschen. Erfindungen, Kunst und Religion
Rekorde der Urzeit. Landschaften, Pflanzen und Tiere
Säbelzahnkatzen. Von Machairodus bis zu Smilodon
Säbelzahntiger am Ur-Rhein. Machairodus und
Paramachairodus
Was ist ein Menhir? Interview mit dem Mainzer
Archäologen Dr. Detert Zylmann
Wer ist der kleinste Dinosaurier? Interviews mit dem
Wissenschaftsautor Ernst Probst
Wer war der Stammvater der Insekten? Interview mit dem
Stuttgarter Biologen und Paläontologen Dr. Günther Bechly
6000 Jahre Kastel. Von der Steinzeit bis zum 21. Jahrhundert
5000 Jahre Kostheim. Von der Steinzeit bis zum 21.
Jahrhundert
Kastel in der Vorzeit. Von der Jungsteinzeit bis Christi
Geburt
Kostheim in der Vorzeit. Von der Jungsteinzeit bis Christi
Geburt
Wiesbaden in der Steinzeit
Anno 1.000.000. Deutschland in der älteren Altsteinzeit
Das Protoacheuléen. Eine Kulturstufe der Altsteinzeit
vor etwa 1,2 Millionen bis 600.000 Jahren
Das Altacheuléen. Eine Kulturstufe der Altsteinzeit
vor etwa 600.000 bis 350.000 Jahren
Das Jungacheuléen. Eine Kulturstufe der Altsteinzeit vor etwa
350.000 bis 150.000 Jahren
Das Spätacheuléen. Eine Kulturstufe der Altsteinzeit
vor etwa 150.000 bis 100.000 Jahren
Die Lanze von Lehringen. Der Jahrhundertfund
aus der Altsteinzeit
Das Moustérien – Die große Zeit der Neanderthaler
Das Aurignacien. Eine Kulturstufe der Altsteinzeit

vor etwa 40.000 bis 31.000 Jahren
Das Gravettien. Eine Kulturstufe der Altsteinzeit
vor etwa 35.000 bis 24.000 Jahren
Das Magdalénien. Die Blütezeit der Rentierjäger
vor etwa 18.000 bis 14.000 Jahren
Die Hamburger Kultur. Eine Kulturstufe der Altsteinzeit
vor etwa 15.700 bis 14.200 Jahren
Die Federmesser-Gruppen. Eine Kulturstufe der Altsteinzeit
vor etwa 14.000 bis 12.800 Jahren
Das Steinzeit-Grab von Bonn-Oberkassel. Ein rätselhafter Fund aus der Zeit der Federmesser-Gruppen
Die Ahrensburger Kultur. Eine Kulturstufe der Altsteinzeit
vor etwa 12.700 bis 11.650 Jahren
Die Altsteinzeit in Österreich., Jäger und Sammler
vor 250.000 bis 10.000 Jahren
Das Jungacheuléen in Österreich
Das Moustérien in Österreich
Das Aurignacien in Österreich
Das Gravettien in Österreich
Das Magdalénien in Österreich
Das Magdalénien in der Schweiz
Die Mittelsteinzeit
Deutschland in der Mittelsteinzeit
Die Mittelsteinzeit in Baden-Württemberg
Die Mittelsteinzeit in Bayern
Die Mittelsteinzeit in Rheinland-Pfalz
Die Mittelsteinzeit in Hessen
Die Mittelsteinzeit in Nordrhein-Westfalen
Die Mittelsteinzeit in Niedersachsen
Die Mittelsteinzeit in Thüringen, Sachsen-Anhalt, Sachsen und im südlichen Brandenburg

Die Mittelsteinzeit in Schleswig-Holstein, Mecklenburg und im nördlichen Brandenburg
Die ersten Bauern in Deutschland. Die Linienbandkeramische Kultur (5.500 bis 4.900 v. Chr.)
Die Ertebölle-Ellerbek-Kultur. Eine Kultur der Jungsteinzeit vor etwa 5.000 bis 4.300 v. Chr.
Die Stichbandkeramik. Eine Kultur der Jungsteinzeit vor etwa 4.900 bis 4.500 v. Chr.
Die Oberlauterbacher Gruppe. Eine Kulturstufe der Jungsteinzeit vor etwa 4.900 bis 4.500 v. Chr.
Die Hinkelstein-Gruppe. Eine Kulturstufe der Jungsteinzeit vor etwa 4.900 bis 4.800 v. Chr.
Die Rössener Kultur. Eine Kultur der Jungsteinzeit vor etwa 4.600 bis 4.300 v. Chr.
Die Kupferzeit. Wie die ersten Metalle in Mitteleuropa bekannt wurden
Die Michelsberger Kultur. Eine Kultur der Jungsteinzeit vor etwa 4.300 bis 3.500 v. Chr.
Das Rätsel der Großsteingräber. Die nordwestdeutsche Trichterbecher-Kultur vor etwa 4.300 bis 3.000 v. Chr.
Die Baalberger Kultur. Eine Kultur der Jungsteinzeit vor etwa 4.300 bis 3.700 v. Chr.
Pfahlbauten in Süddeutschland. Dörfer der Jungsteinzeit und Bronzezeit an Seen, Mooren und Flüssen
Die Altheimer Kultur / Die Pollinger Gruppe. Zwei Kulturen der Jungsteinzeit vor etwa 3.900 bis 3.500 v. Chr.
Die Salzmünder Kultur. Eine Kultur der Jungsteinzeit vor etwa 3.700 bis 3.200 v. Chr.
Die Chamer Gruppe. Eine Kulturstufe der Jungsteinzeit vor etwa 3.500 bis 2.800 v. Chr.
Die Wartberg-Kultur. Eine Kultur der Jungsteinzeit vor etwa

3.500 bis 2.800 v. Chr.
Die Walternienburg-Bernburger Kultur. Eine Kultur der Jungsteinzeit vor etwa 3.200 bis 2.800 v. Chr.
Die Kugelamphoren-Kultur. Eine Kultur der Jungsteinzeit vor etwa 3.100 bis 2.700 v. Chr.
Die Schnurkeramischen Kulturen. Kulturen der Jungsteinzeit von etwa 2.800 bis 2.400 v. Chr.
Die Einzelgrab-Kultur. Eine Kultur der Jungsteinzeit vor etwa 2.800 bis 2.300 v. Chr.
Die Schönfelder Kultur. Eine Kultur der Jungsteinzeit vor etwa 2.800 bis 2.200 v. Chr.
Die Glockenbecher-Kultur. Eine Kultur der Jungsteinzeit vor etwa 2.500 bis 2.200 v. Chr.
Die ersten Bauern in Österreich. Die Linienbandkeramische Kultur vor etwa 5.500 bis 4.900 v. Chr.
Die Lengyel-Kultur in Österreich. Eine Kultur der Jungsteinzeit vor etwa 4.900 bis 4.400 v. Chr.
Die Mondsee-Gruppe. Eine Kulturstufe der Jungsteinzeit vor etwa 3.700 bis 2.900 v. Chr.
Die Badener Kultur in Österreich. Eine Kultur der Jungsteinzeit vor etwa 3.600 bis 2.900 v. Chr.
Die ersten Pfahlbauten in der Schweiz. Die Anfänge der Pfahlbauforschung und die Egolzwiler Kultur
Die Cortaillod-Kultur. Eine Kultur der Jungsteinzeit vor etwa 4.000 bis 3.500 v. Chr.
Die Pfyner Kultur in der Schweiz. Eine Kultur der Jungsteinzeit vor etwa 4.000 bis 3.500 v. Chr.
Die Horgener Kultur in der Schweiz. Eine Kultur der Jungsteinzeit vor etwa 3.500 bis 2.800 v. Chr.
Die Schnurkeramiker in der Schweiz. Eine Kultur der Jungsteinzeit vor etwa 2.800 bis 2.400 v. Chr.

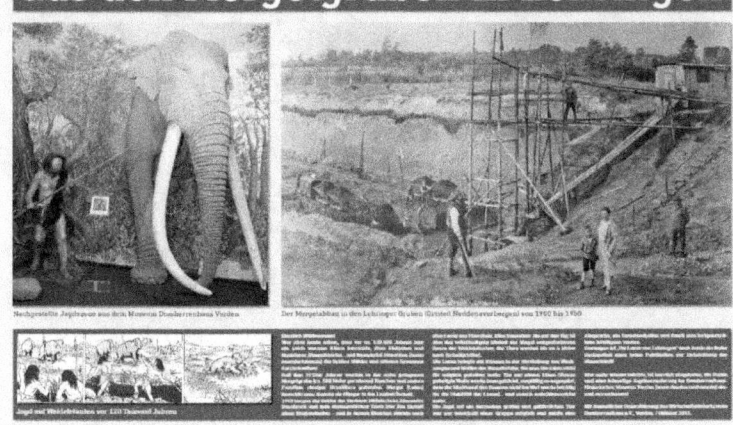

*Eine der zwei Tafeln mit Informationen
über die prähistorischen Funde aus den Mergelgruben bei Lehringen,
die im Sommer 2016
auf Veranlassung des Wirtschaftsförderkreises
nahe des Fundortes des Waldelefanten und der Lanze
aufgestellt wurden.
Eine Tafel befindet sich nahe eines Teiches namens Elefantenkuhle,
die andere am Rutendiek.
Foto: Harald Röttjer, Kirchlinteln*

*Eines der Artefakte
aus der Mergelgrube bei Lehringen,
die der Archäologe Jürgen Gutmann (1914–1985)
aus Erichshagen bei Nienburg zeichnete und kurz beschrieb.
Seine Zeichnungen und Kommentare
wurden auf fünf Seiten in der Publikation
„Die Funde von Lehringen" (1960)
von Waltraut Deibel-Rosenbrock veröffentlicht.*

www.ingramcontent.com/pod-product-compliance
Lightning Source LLC
Chambersburg PA
CBHW070647220526
45466CB00001B/332